JN017314

河合塾
SERIES

1 2 & 8 9 10

物理のエッセンス
【五訂版】

熱・電磁気・原子

河合塾講師 浜島清利 [著]

河合出版

1・2 & 8・9・10 ?

　妙な表紙だなと思ったことでしょう。もちろんこの本の性格を表しているのです。私が最も書きたかったこと，それは教科書に書かれていないけど大切なことです。数字が増すにしたがって基本から応用へ進むと思って下さい。教科書にはいわば**3〜7**のことが書かれています。

| 1 2 | 3 4 5 6 7 | 8 9 10 |

最も基本となること
感覚的な理解

教科書

試験問題を解く
のに必要なこと

さわやかに "分かる" から

　1・2に当たる部分が教科書から抜け落ちているのです。物理の認識というかフィーリングのような部分です。それが教科書を読んでも分からないという声を生む原因です。たとえば，力学では力の図示（力の働き方の理解）が根幹(こんかん)にあるのですが，教科書には通り一遍(いっぺん)の記述しかありません。"分かる"かどうかはこの**1・2**の部分に大きく左右されます。公式を知っていても分かっていない人が多いのです。

あざやかに "解ける" へ

　また，教科書を読んでも問題は解けないという声も聞きます。**8・9・10**の部分ですね。そこで何を身につけておくべきかを明示しました。問題を解く上で大切なことは，どう考えていくかという "考え方の流れ" です。フォーメーション・プレーといってもよいでしょう。1つ1つの公式がばらばらになって頭に入っていませんか。物理はピラミッドのように下から（法則から）積み上がっているものです。体系の中に公式が息づいていなければいけません。解法のノウハウや公式の体系を目に見える形で満載しました。

物理の ESSENCE を

エッセンス

　教科書は**3～7**になっているといっても，これを利用しない手はありません。そこで，用語の説明など必要だけれど退屈な所は教科書にまかせ，この本は物理のエッセンス（本質）に重点をおきました。**物理の考え方をクローズアップ**したのです。そのために図をふんだんに用いています。

　さらに，入試の壁を打ち破るパワーをつけるために——

阿修羅の手の如く

　阿修羅は守護神。何本もの手を持ち戦います。多くの武器を用意しました。その説明をしておきます。

　考え方の流れが大切だと言いました。私自身は半分無意識にやってきたことですが，誰にも分かるように定石化しました。四角のワクで囲んだものがそうです。**1**，**2**，**3**は１つながりの手順を示しています。一方，**A**，**B**，**C**はこのうちどれかで解決できるというパターン分けを示しています。

> **1** …………
> **2** …………
> **3** …………

1→2→3 と思考は流れる

> **A** …………
> **B** …………
> **C** …………

┌ **A**
├ **B** と思考は分かれる
└ **C**

EX　その応用例です。また，理解の骨格を形づくる例題です。

問題　ぜひ自分の力で解いてみて下さい。どれも理解を深め，試験問題を解く上で粒よりのエッセンスばかりです。せっかく解く鍵を手にしても，自分で使ってカシャッと錠がはずれる快感を味わわないと身につきません。**くわしい解答が別冊**にあります。＊は難度を示します。

ちょっと一言　文字通りちょっとした注意や補足です。なかなか味のあるところですが，すぐにはピンとこないこともあるでしょう。だんだんにつかんでくれればよいのです。

Miss　誤りやすい誤答例を取り上げました。出題者の狙（ねら）い目になっている
個所ですからクリアーをめざしましょう。

Q&A　よく受ける質問あるいは本質をつく疑問にQ&Aの形で答えています。

知ってトク　覚えなくてもよいのですが，知っていると問題を解く上でずっ
と有利になることがらです。

High　物理の得意な人へのメッセージです。レベルの高い内容なので読
み飛ばしてもかまいません。

　物理基礎，物理 という分け方は物理を体系的に学ぶのには適していませ
ん。そこで**分野別の編成**としました。

　すべての例題と問題は，入試問題の詳しい分析に基づいて，最大の効果が
得られるよう内容と構成に工夫をこらしたオリジナル問題です。マスターし
たら入試問題集で大型問題にも挑戦してみて下さい（「**良問の風**」，さらには
上級向きの「**名問の森**」（河合出版）を薦めます）。その時，この本は**解法マ
ニュアルとしても力を発揮**します。かつては難攻不落と思われた問題がすら
すらと解けていくでしょう。

　試験の直前には太字部分だけでよいですから見直して下さい。重要事項の
確認が効率的にできます。

さあ物理の世界に飛び立とう

　物理で大切なものは現象のイメージです。いつも**図**を描いて考えるように
して下さい。図を見ながら法則を考え，式を立てる —— これが物理です。
そうすれば，複雑な現象に出合っても本質をえぐりだす力，本当の意味での
実力がついてきます。

　もう一言（ひとこと）。「**なぜ？**」という疑問を大切にしていって下さい。それこそ物
理の心なのです。

目　次　（灰色部は 物理基礎，白色部は主に 物理）

4

原　子

〈姉妹編〉　力学・波動

解法定石

Q & A

熱

ここでの約束：

♣「Ⅱ気体の熱力学」では，温度
はとくに断らない限り，絶対温
度とする。また，⊿は変化量を
表し，必ず（後）－（前）である。

I 固体・液体と熱   — 物理基礎 —

◆ 比熱

比熱は単位質量の物体の温度を 1 K $(1℃)$ だけ上昇させるのに必要な熱量。そこで，比熱 c，質量 m の物体の温度を ΔT だけ上昇させるのに必要な熱量 Q は

$$Q = mc\Delta T$$

比熱は物質によって異なる。単位は国際単位系 SI では $[J/(kg \cdot K)]$ だが，慣用的に $[J/(g \cdot K)]$ がよく用いられている。

<u>ちょっと一言</u> 与えられた比熱の単位を見れば，m の用いるべき単位が決まる。ΔT は温度差だから K でも℃でも同じこと。

ある物体の温度を 1 K 上げるのに必要な熱量を **熱容量** といい，単一の物質なら mc に等しい。比熱は，水とか鉄とか物質で決まる定数だから，熱容量より大切な量。ただ，特定の物体で実験を続けるときには熱容量が便利。

異なった温度の物体を接触させると，やがて全体は中間的なある温度になる(熱平衡)。他との熱のやり取りがないとすると，

> **低温物体が得た熱量 = 高温物体が失った熱量**

これはエネルギー保存則で，とくに**熱量の保存**という。

EX 20℃，200 g の水の中に，70℃，800 g の鉄を入れた。温度はいくらになるか。また，全体の熱容量はいくらか。水の比熱は 4.2 J/(g·K)，鉄の比熱は 0.45 J/(g·K)，水と容器や空気との間での熱のやり取りはないとする。

解 求める温度 t〔℃〕は，20 と 70 の間にあるはず。

$$\underset{\text{水が得た熱量}}{200 \times 4.2 \times (t-20)} = \underset{\text{鉄が失った熱量}}{800 \times 0.45 \times (70-t)} \qquad \text{これより} \quad t = 35\,℃$$

　　　水の熱容量は　　　$200 \times 4.2 = 840\ \text{J/K}$

　　　鉄の熱容量は　　　$800 \times 0.45 = 360\ \text{J/K}$

　　　よって全体の熱容量は　　　$840 + 360 = \mathbf{1200\ J/K}$

1　　EX に続いて，全体に 8400 J の熱を加えると何℃になるか。

2　　30 ℃の水 200 g と 90 ℃の水 100 g を混ぜると何℃になるか。

◆　物質の三態と状態変化

　一般に，物質には**固体，液体，気体**の 3 つの状態がある。これを**物質の三態**という。固体では，分子(あるいは原子)が互いにしっかりと結合し，分子は力のつり合い位置を中心に振動している。液体では分子間の結合が弱く，分子は不規則に移動するため流動性が現れる。気体では分子はほぼ自由に飛びまわり，固体や液体に比べて体積ははるかに大きくなる。いずれにしろ，分子の運動は熱運動とよばれ，運動エネルギーは温度が高いほど大きい。

　氷に熱を加えると 0 ℃で次第に水に変わっていく。そして氷が全部溶けるまで 0 ℃のままである。このように固体から液体へ，あるいは液体から気体への**状態変化の間は温度は一定に保たれる**。それぞれの状態変化が起こる温度は融点，沸点とよばれる。水なら沸点は 100 ℃である(1 気圧のとき)。また，状態変化の際に必要な熱量は融解熱，蒸発熱とよばれる。逆のコース，例えば液体から固体になるときには，融解熱と同じだけの熱量が放出される。

3*　　20 ℃の水 200 g の中へ 0 ℃の氷 100 g を入れると，やがてどのようになるか。水の比熱は 4.2 J/(g·K)，氷の融解熱は 336 J/g である。

4*　　前問で，はじめの水を 700 g にしておくとどうなるか。

II 気体の熱力学

◆ 状態方程式

　理想気体については状態方程式が成り立つ。理想気体とは分子の大きさが
なく，分子間に力が働かない理想化された気体だが，現実の気体もほぼこれ
に近い。以下，単に気体といえば，理想気体をさす。

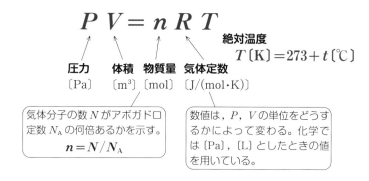

$$PV = nRT$$

絶対温度
$$T〔\mathrm{K}〕 = 273 + t〔℃〕$$

圧力　　体積　物質量　気体定数
〔Pa〕　〔m³〕〔mol〕〔J/(mol·K)〕

気体分子の数 N がアボガドロ
定数 N_A の何倍あるかを示す。
$$n = N/N_A$$

数値は，P，V の単位をどうす
るかによって変わる。化学で
は〔Pa〕，〔L〕としたときの値
を用いている。

ちょっと一言

　　　　温度 T 一定のとき　　$PV = $ 一定　　　ボイルの法則
　　　　圧力 P 一定のとき　　$\dfrac{V}{T} = $ 一定　　　シャルルの法則
　　　　２つを合わせて　　　$\dfrac{PV}{T} = $ 一定　　　ボイル・シャルルの法則

これらすべては状態方程式に含まれている。（歴史的にはこれらの法則を
経て状態方程式が生まれた）

EX 1　　5 L（リットル）の容器中に酸素 O_2 が 20 g 入れられ，27℃ に保たれ
ている。圧力は何 Pa か。また，127℃ にしてから，容器の口を開いて
1 気圧（≒1×10^5 Pa）になるまで気体を放出すると，後に何 g の O_2 が
残るか。O_2 の分子量を 32，気体定数を $R = 8$ J/(mol·K) とする。

解　分子量にグラム g を付けると 1 モルの質量になる。よって O_2 の物質量は
$n = 20/32$　また，1 L $= 10^3$ cm³ $= 10^3 \times 10^{-6}$ m³

　　状態方程式は　　$P \times 5 \times 10^{-3} = \dfrac{20}{32} \times 8 \times (273 + 27)$　　∴　$P = \mathbf{3 \times 10^5}$ **Pa**

Pa (パスカル)は N/m² と表記することもある。

放出後は　　　$1\times10^5\times5\times10^{-3}=\dfrac{x}{32}\times8\times(273+127)$　　$\therefore$　$x=\mathbf{5\ g}$

⑤　気体1モルの質量を M，気体定数を R として，圧力 P を密度 ρ と温度 T を用いて表せ。

EX 2　断面積 S の鉛直シリンダーに滑らかに動く質量 M のピストンがはめられ，中に n モルの気体が入れられている。ピストンの高さは l であり，大気圧を P_0，気体定数を R，重力加速度を g とする。気体の圧力 P と温度 T を求めよ。

解　滑らかに動くピストンが静止しているから，力がつり合っている。

$$PS=P_0S+Mg \quad\text{より}\quad P=\boldsymbol{P_0+\dfrac{Mg}{S}}$$

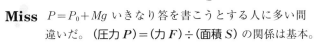

Miss　$P=P_0+Mg$ いきなり答を書こうとする人に多い間違いだ。(圧力 P)=(力 F)÷(面積 S) の関係は基本。

状態方程式に上の P と $V=Sl$ を代入して T は　　　$T=\dfrac{(P_0S+Mg)l}{nR}$

> 滑らかに動くピストン ⇨ 力のつり合いに注目

⑥　**EX 2** と同様に，図 a，b，c の場合について圧力 P と温度 T を求めよ。

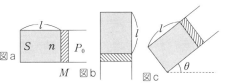

⑦*　熱をよく通す断面積 S の容器が滑らかに動くピストン(質量 M)によって2つの部分 A，B に分けられ，それぞれ1モルの気体が入っている。図1の水平状態から A を上にしたら各部分の長さが図2のようになった。図1での気体の圧力 P を求め，S，M，g で表せ。

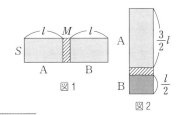

> 熱をよく通す壁 ⇨ 両側の温度は等しい

◆ 分子運動

分子の運動から気体の圧力を導く過程は分子運動論とよばれる。出題は穴埋めなど誘導形式がとられるので，大まかな流れだけつかんでおこう。

> ### 分子運動論の流れ
>
> **1** 分子が壁に衝突するとき，壁に与える力積
>
> **2** 全分子が時間 t に壁に与える力積
>
> **3** $Ft = $ **2** として力 F を決め，圧力 P へ

解説

1 一辺が L の立方体容器に N 個の分子が入っているとする。いま，質量 m の分子が x 方向に v_x の速さで壁 S に弾性衝突するとき，分子が受ける力積は分子の運動量の変化に等しく，

$$-mv_x - mv_x = -2mv_x$$

分子が壁に与える力積は，作用・反作用により符号を変え，$2mv_x$ ……①

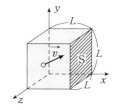

> **Miss** 運動量はベクトルだから符号が大切。
> それを忘れ $mv_x - mv_x = 0$ としてはアウト。
> また，mv_x という誤りも多い。

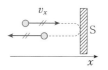

2 時間 t の間に分子は x 方向に $v_x t$ の距離（道のり）を動くが，往復 $2L$ 動くごとに壁 S と衝突するから，この間の S との衝突回数は　$v_x t / 2L$

> **Miss** L としてはいけない。壁 S と指定されていることに注意。

力積の合計は　　　　　$2mv_x \times \dfrac{v_x t}{2L} = \dfrac{mv_x^2 t}{L}$　……②

v_x の値は分子によって異なるから，②の平均値を N 倍すれば全分子が（つまり気体が）S に与える力積 Ft になる（F は気体が S を押す力）。

3　　　　$Ft = \dfrac{m\overline{v_x^2}\, t}{L} \times N$　　∴　$F = \dfrac{Nm\overline{v_x^2}}{L}$　……③

ところで　$v^2 = v_x{}^2 + v_y{}^2 + v_z{}^2$　より　$\overline{v^2} = \overline{v_x{}^2} + \overline{v_y{}^2} + \overline{v_z{}^2}$

x, y, z 方向は物理的には同等だから(特にある方向で分子が速いとか遅いとかはないはず)　$\overline{v_x{}^2} = \overline{v_y{}^2} = \overline{v_z{}^2}$　よって　$\overline{v^2} = 3\overline{v_x{}^2}$　……④

③, ④より　$F = \dfrac{Nm\overline{v^2}}{3L}$　よって　$\boldsymbol{P = \dfrac{F}{L^2} = \dfrac{Nm\overline{v^2}}{3L^3} = \dfrac{Nm\overline{v^2}}{3V}}$

この結果を状態方程式 $PV = nRT = \dfrac{N}{N_A}RT$ と比べてみれば

$(PV =) \dfrac{Nm\overline{v^2}}{3} = \dfrac{N}{N_A}RT$　これより　$\dfrac{1}{2}m\overline{v^2} = \dfrac{3}{2} \cdot \dfrac{R}{N_A} \cdot T$

定数は平均に関係しないから, $\dfrac{1}{2}m\overline{v^2}$ は $\overline{\dfrac{1}{2}mv^2}$ に等しく, 分子の運動エネルギーの平均値を表していることになる。

分子の平均運動エネルギー　$\dfrac{1}{2}m\overline{v^2} = \dfrac{3}{2} \cdot \dfrac{R}{N_A} \cdot T = \dfrac{3}{2}kT$

ちょっと一言　この式は重要。温度は化学では熱い冷たいの目安(めやす)に過ぎなかったのが, 分子の運動エネルギーで決まっていることがこうして分かったんだ。また, 分子が運動をやめる $T = 0$ が最も低い温度となることも示唆されている。定数 R/N_A は k と書いて**ボルツマン定数**とよんでいる。

8* 　2乗平均速度 $\sqrt{\overline{v^2}}$ は分子の平均の速さにほとんど等しい。27℃ の酸素の $\sqrt{\overline{v^2}}$ を求めよ。酸素の分子量を 32, 気体定数を 8 J/(mol·K) とする。

◆　**気体の内部エネルギー**

内部エネルギー U とは分子の運動エネルギーの総和をいう。

そこで単原子分子からなる気体 (以下, 単原子気体とよぶ) では

$$U = N \times \dfrac{1}{2}m\overline{v^2} = N \times \dfrac{3}{2}\dfrac{R}{N_A}T = \dfrac{3}{2}\dfrac{N}{N_A}RT = \dfrac{3}{2}nRT$$

何原子分子であれ気体の内部エネルギーは絶対温度 T に比例することが分かっている。

内部エネルギーは温度で決まる

ちょっと一言　単原子分子とは第18族の元素であり，
ヘリウム He，ネオン Ne，アルゴン Ar を覚え
ておこう。二原子分子，たとえば窒素 N_2 だと回
転運動も伴うので運動エネルギーが $\frac{1}{2}m\overline{v^2}$ です
まなくなる。v は壁にぶつかる v だったね。

だから $U=\frac{3}{2}nRT$ は単原子気体にしか使えない。

一方，$\frac{1}{2}m\overline{v^2}=\frac{3}{2}kT$ は何にでも使えるので混同しないこと。

 　$U=\frac{3}{2}nRT$ は，$PV=nRT$ より $U=\frac{3}{2}PV$ とも表せる。

また，U は T に比例するので $\Delta U=\frac{3}{2}nR\Delta T$ とすることもできる
（姉妹編 p 162）。

⑨　　圧力を一定にして体積を a 倍にした。内部エネルギーは何倍になるか。また，
分子の $\sqrt{\overline{v^2}}$ は何倍になるか。

◆　気体の仕事

一定圧力 P のもとで気体を暖めたところ，面積 S
のピストンが Δl だけ移動した。このとき，気体は
外へ仕事 W' をしたという。ピストンに一定の力
PS を加えて距離 Δl 動かしたからだ。$W'=PS\times\Delta l$
ここで，$S\Delta l$ は体積の増加分 ΔV を表すので

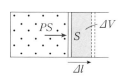

気体がする仕事　　$W'=P\Delta V$　　← 圧縮の場合（$\Delta V<0$）も含めて成り立つ

圧縮のときは気体は外から仕事をされたという。された仕事 W はした仕
事 W' と符号が反対で　　$W=-W'$　定圧変化では

気体がされる仕事　　$W=-P\Delta V$

ちょっと一言　定圧なら上の式は厳密に成り立つが，ピストンがわずかに動く微
小変化でも近似的に成立する。変化の間圧力はほぼ一定とみなせ
るからだ。微小変化であれば，等温でも断熱でも何でもよい。

EX　鉛直に立てたシリンダーの中に温度 T で n モルの気体が入れてある。ゆっくりと暖めると気体は膨張し，温度は $T+\Delta T$ になった。気体がした仕事はいくらか。質量 M のピストンは滑らかに動き，気体定数を R，大気圧を P_0 とする。

解　ピストンの力のつり合いから　$PS=P_0S+Mg$　∴　$P=P_0+\dfrac{Mg}{S}$　……①

　　ゆっくりと暖めるとき，ピストンは絶えず力のつり合いを保ちながらゆっくり動く。つまり，①は絶えず成り立ち，右辺が一定だから P は一定となり定圧変化が起こる。"ゆっくりと"は書かれないこともあるが，そう思ってよい。

> 自由に動くピストン $\Rightarrow$ 定圧変化
> 固定されたピストン $\Rightarrow$ 定積変化

　　はじめの状態方程式は　　$PV=nRT$　　………②
　　あとのそれは　　$P(V+\Delta V)=nR(T+\Delta T)$　………③
　　③－②と辺々で引き算すると　　$P\Delta V=nR\Delta T$　………④
　　定圧変化だから気体がした仕事は　　$W'=P\Delta V=\boldsymbol{nR\Delta T}$

知っておくとトク　定圧変化では，V と T が比例するから，状態方程式②から④へダイレクトに移ってよい。うまい具合に④の左辺は W' そのものである。①も使わなくてすむ。定圧なら $P\Delta V=nR\Delta T$　覚えておいて損はない。

Q&A

Q　気体がした W' のエネルギーはどこへ行ったんですか？　ピストンを持ち上げているからその位置エネルギーの増加 $Mg\Delta l$ と答えたら違うといわれました。

A　それでは不十分なんだ。気体は大気圧に対しても $P_0S\times\Delta l$ の仕事をしている。実際，$W'=PS\Delta l=(P_0S+Mg)\Delta l=P_0S\Delta l+Mg\Delta l$
　　気体の仕事は気体自身が及ぼす力で決まるから，外圧でなく内圧（気体自身の圧力）で決まる点にも注意したいね。

10　圧力 $2\times10^5\,\mathrm{Pa}$ のもとで，気体を $3\times10^{-3}\,\mathrm{m^3}$ から $5\times10^{-3}\,\mathrm{m^3}$ まで膨張させた。気体がした仕事はいくらか。

11   圧力を一定にして2モルの気体の温度を50℃だけ上げた。気体がした仕事はいくらか。$R = 8.3\,\mathrm{J/(mol \cdot K)}$ とする。

12＊＊ 空気Aを含んだ筒（断面積Sで厚みは無視）を水に浮かべたら，水面からl_1だけ頭を出し，筒内の水面はl_2だけ低い状態で静止した。水の密度をρ，大気圧をP_0，重力加速度をgとする。Aの圧力はいくらか。次にAを加熱したら縦の長さが$l_1+l_2+l_3$となった。Aがした仕事W'はいくらか。また，加熱後の筒の状態を図で示せ。

では，一般の変化で気体の仕事はどう求めるかとなると，活躍するのが次のP-Vグラフだ。縦軸に圧力P，横軸に体積Vをとったグラフである。

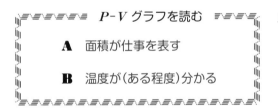

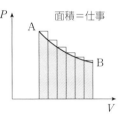

【解説】

A   まず，面積が仕事の大きさを教えてくれる。上でみたように微小変化での仕事は$P\varDelta V$だ。A→Bの変化を小さな区間$\varDelta V$に分ければ，$P\varDelta V$は1つ1つの棒グラフの面積であり，すべての和は（$\varDelta V \to 0$とすることにより）赤色部の面積となる。した仕事か，された仕事かは体積の増減で分かる。

定圧変化なら面積は長方形で，もちろん$P\varDelta V$に等しい。

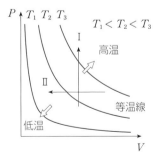

B　等温変化では　$PV =$ 一定　となり，P-V グラフ上で直角双曲線になる。
これを等温線といい，一定値は nRT に等しいから，温度が高いほど右上の領
域に描かれる。この感じをつかんでおくとよい。Ⅰのような定積変化は温度上
昇，Ⅱの定圧変化は温度降下とすぐに分かる。

　　$PV = nRT$ より PV の積の値は温度の目安になる。
　　　　正確に言えば，PV は T に比例している。

13　図のように A → B と状態変化させた。A と B は
　　温度が等しい。
　　⑴　気体がした仕事はいくらか。
　　⑵　A → B の間で温度はどのように変わっている
　　　か。
　　⑶　A → B 間を等温変化に置き替えると仕事は増
　　　すか減るか。

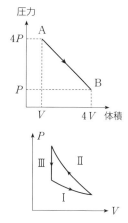

14　右図で気体が外へ仕事をしたのはどの過程か。ま
　　た，1 サイクルで気体は実質的に外へ仕事をしたの
　　か，それともされたのか。その大きさは図のどの部
　　分で表されるか。

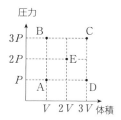

15　A，B，C，D，E の温度の大小関係を式にせよ。
　　例　$T_A < T_B < \cdots\cdots$

◆ 熱力学第 1 法則

　状態方程式と並んで熱力学を支えるのが第 1 法則だ。熱力学を苦手とする人は第 1 法則がネックになっている。第 1 法則は気体が**状態変化をするときのエネルギー保存則**だ。状態方程式が変化の途中の個々の状態ごとに成り立つのに対し，第 1 法則は過程全体でのエネルギーの出入りを問題にする。

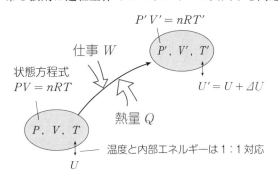

$$P'V' = nRT'$$

仕事 W

P', V', T'

状態方程式
$PV = nRT$

$U' = U + \Delta U$

熱量 Q

P, V, T

温度と内部エネルギーは 1：1 対応

U

式にすると

$$\Delta U \quad = \quad Q \quad + \quad W$$

内部エネルギーの増加　　　吸収した熱量　　　された仕事　……＋符号
（減少）　　　　　　　　（放出）　　　　　（した）　（……－符号）

　各項は符号付きで，正となる場合，負となる場合を知っておかねばならない。この式は，気体はどのようにエネルギーを得たかという観点に立っている。右図はそのイメージを表す。矢印の方向は気体がエネルギーを得るケース，逆方向は失うケースである。

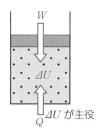

W

ΔU

Q

ΔU が主役

　次の式で習うかもしれない。

$$Q \quad = \quad \Delta U \quad + \quad W'$$

吸収　　　　　増加　　　　　した仕事　…＋符号

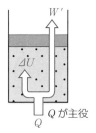

W'

ΔU

Q

Q が主役

　した仕事を正，された仕事を負とする点が異なっている。こちらは与えた熱量がどう使われたかという観点に立ったものだ。右図の矢印の向きが正で扱うケースを表している。

<u>ちょっと一言</u>　$W'=-W$ なので 2 つの式は同じことだが，個人個人でどちらか
に統一した方がよい。$Q=\cdots\cdots$ の立場では，した仕事を W とし，
された仕事を W' とする方が自然だ。本書ではいちいち両方書くわ
けにもいかないので　$\Delta U=Q+W$　の形で説明する。$Q=\Delta U+W$
の人は，少し面倒だが，以下，W となっているところは $-W$ に置
き換え，移項してほしい。また，W' は W にすればよい。

Q&A

Q　第 1 法則 は式では分かるのですが，実感としてどうもしっくりきません。

A　3 つの量の関係だから難しいね。エネルギーをお金にたとえてみよう。U
は貯金だ。この貯金を増やすのに 2 つの方法がある。こづかいをもらうか (Q)，
アルバイトでかせぐか (W) だね。今月の貯金の増加 ΔU は $Q+W$ に等しいと
いっているだけなんだ。注意すべきは U は顔を出さないこと，それまでにため
ていた貯金額は関係ないんだ。今月 1 ヶ月の出入りを追っているわけ。

　おこづかいで 1 万円，アルバイトで 3 万円かせいだら，貯金は 4 万円増え，
$4=1+3$。でもいつもお金が入ってくるとは限らない。アルバイトをせず，遊
びに 2 万円使ったら $W=-2$。そんな月は $-1=1+(-2)$ と貯金を 1 万円おろ
しているはずね。

16　気体が 200 J の熱を吸収し，外へ 100 J の仕事をした。内部エネルギーの変
化はいくらか。このとき温度は上がったか，下がったか。

17　気体は 300 J の仕事をされ，内部エネルギーが 200 J 増した。このとき熱を
吸収したか，放出したか。その大きさはいくらか。

特殊な変化

　　等温変化　$\Delta U=0$　……　温度が一定だから内部エネルギーも一定
　　断熱変化　$Q=0$　………　文字通り熱のやりとりなし
　　定積変化　$W=0$　………　ピストンが動かないから仕事なし
　　定圧変化　$W=-P\Delta V$　または　$W'=P\Delta V$

18　等温変化で気体が膨張し，そのときの仕事は 400 J であった。熱を吸収した
のか，放出したのか。その大きさはいくらか。

19   熱のやりとりをなくし，気体に 200 J の仕事をさせた。内部エネルギーは増加したか，減少したか。その大きさはいくらか。温度は上がるか，下がるか。

20   定積変化で気体に 300 J の熱を与えた。内部エネルギーの変化はいくらか。温度は上がるか，下がるか。

◆ 気体の比熱

1 モルの気体の温度を 1 K 上げるのに必要な熱量をモル比熱という。単位は〔J/(mol·K)〕。定積モル比熱を C_V，定圧モル比熱を C_P とすると，気体の温度を ΔT 変化させるのに必要な熱量 Q は

定積変化 $Q = nC_V\Delta T$

定圧変化 $Q = nC_P\Delta T$

> 熱の吸収（$Q>0$）は温度上昇（$\Delta T>0$），放出（$Q<0$）は温度降下（$\Delta T<0$）に対応

ここで $C_P = C_V + R$ であり，単原子気体なら $C_V = \dfrac{3}{2}R$，$C_P = \dfrac{5}{2}R$

C_V と C_P の関係式の導出は頻出問題となっている。

EX 1   定積モル比熱 C_V の気体 n モルの温度を ΔT だけ上昇させたい。気体定数を R とする。

⑴   定積変化で上げるとき，内部エネルギーの変化を求めよ。

⑵   定圧変化で上げるとき，気体に与える熱量を求めよ。

解 ⑴   定積だから $W_{AB} = 0$ 第 1 法則より $\Delta U_{AB} = Q_{AB}$

一方，$Q_{AB} = nC_V\Delta T$ ∴ $\Delta U_{AB} = \boldsymbol{nC_V\Delta T}$ ……①

⑵   内部エネルギーは温度で決まるので，温度の等しい B と C の内部エネルギーは同じ。①は B と A の差だが，同時に C と A の差としても使える（ここがポイント）。

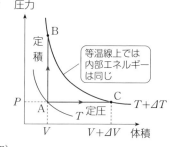

$$\Delta U_{AC} = \Delta U_{AB} = nC_V\Delta T$$

一方，定圧なので

$$W = -P\Delta V = -nR\Delta T$$

第 1 法則より $nC_V\Delta T = Q_{AC} + (-nR\Delta T)$

$$\therefore\quad Q_{AC}=n(C_V+R)\varDelta T$$

$Q_{AC}=nC_P\varDelta T$　と比べると　$C_P=C_V+R$ が得られる。同じだけ温度を上げる（内部エネルギーを増やす）とき，定圧の方は気体が膨張して外へ仕事をするので，その分定積より熱量が余分にいるというわけだ。

(2)の考え方をさらに進めれば，定圧変化に限らず，温度が $\varDelta T$ 上昇したときの内部エネルギーの変化はすべて①に等しくなる。そこで

$$\varDelta U=nC_V\varDelta T\ \cdots\cdots\text{任意の変化で成立！}$$

ちょっと一言　$Q=nC_V\varDelta T$ は定積のみ，一方，$\varDelta U=nC_V\varDelta T$ は何にでも OK。

単原子の場合，$U=\dfrac{3}{2}nRT$　より　$\varDelta U=\dfrac{3}{2}nR\varDelta T$

これと上の式を比べて　$C_V=\dfrac{3}{2}R$　また　$C_P=C_V+R=\dfrac{5}{2}R$

EX 2　単原子気体を図のように変化させた。熱を吸収した過程をすべて指摘し，各々の吸収熱量を求めよ。

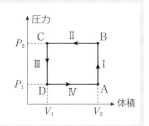

解　定積，定圧の場合には，Q の正・負は $\varDelta T$ の正・負で決まる。P–V グラフの性質より温度が上昇しているのは I，IV の過程である。

　I は定積で　$Q_I=nC_V\varDelta T=n\cdot\dfrac{3}{2}R(T_B-T_A)=\dfrac{3}{2}(nRT_B-nRT_A)$

ところで状態方程式より　B：$P_2V_2=nRT_B$　　A：$P_1V_2=nRT_A$

$$\therefore\quad Q_I=\dfrac{3}{2}(P_2V_2-P_1V_2)=\dfrac{3}{2}(P_2-P_1)V_2$$

　IV は定圧で　$Q_{IV}=nC_P\varDelta T=n\cdot\dfrac{5}{2}R(T_A-T_D)=\dfrac{5}{2}P_1(V_2-V_1)$

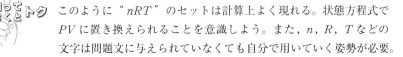

知っておくと**トク**　このように "nRT" のセットは計算上よく現れる。状態方程式で PV に置き換えられることを意識しよう。また，n，R，T などの文字は問題文に与えられていなくても自分で用いていく姿勢が必要。

21*　単原子気体を定圧で膨張させた。このとき気体がした仕事は加えた熱量の何倍か。

◆ 断熱変化

> 断熱圧縮 ⇨ 温度上昇　　断熱膨張 ⇨ 温度降下

知識だけでなく説明もできるように。$Q=0$ より第1法則は　$\Delta U = W$
たとえば,圧縮は $W>0$ だから　$\Delta U>0$,よって,温度は上昇する。

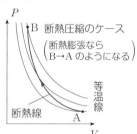

知っておくと**トク**　P-V グラフ上に断熱変化を描き入れると,たとえば A から B への断熱圧縮なら温度が上がるので,次々に,より高温の等温線を横切っていく。断熱線は等温線より傾きが急なのだ。

B 断熱圧縮のケース
（断熱膨張なら B→A のようになる）
等温線
断熱線
A

断熱変化独自の公式として **$PV^{\gamma} = $ 一定** がある。
γ は比熱比とよばれ,$\gamma = C_P/C_V$　　必要な場合は問題中に提示されることが多い。　$P_A V_A^{\gamma} = P_B V_B^{\gamma}$ のように用いる。状態方程式と混同されがちだが,状態方程式は個々の状態ごとに成り立っている。

> ちょっと一言　$PV^{\gamma} = $ 一定　を $PV \cdot V^{\gamma-1} = $ 一定　と変形して $PV = nRT$ を用いると $nRTV^{\gamma-1} = $ 一定　ここで nR は一定だから,結局
> $TV^{\gamma-1} = $ 一定　これも断熱変化での1つの公式となっている。

22　n モルの単原子気体を断熱圧縮して温度を ΔT 変化させた。ΔT は正か負か。気体に加えた仕事はいくらか。気体定数を R とする。

23　単原子気体を断熱膨張させ,体積を8倍にした。圧力は何倍になったか。温度は何倍になったか。

24＊　ピストンを一定の速さ u で動かし,気体を圧縮していく。質量 m の分子が速さ v で垂直に弾性衝突すると,衝突後の分子の速さ v' はいくらになるか。

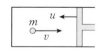

25＊＊　圧力 P,体積 V の n モルの単原子気体を断熱的に微小変化させたら体積は $V + \Delta V$ となった（$V \gg |\Delta V|$）。気体がした仕事はいくらか。また,温度変化 ΔT と圧力変化 ΔP はいくらか。気体定数を R とし,$PV^{\gamma} = $ 一定 は用いず,微小量どうしの積の項は無視して答えよ。

◆　代表的変化のまとめ

　熱力学には多くの公式が現れる。記憶の引き出しを整理し，いつでも取り出せるようにしておこう。

	$PV=nRT$	$\Delta U=Q+W$	
定積変化	$P\propto T$	$Q=nC_V\Delta T$	$W=0$
定圧変化	$V\propto T$	$Q=nC_P\Delta T$	$W=-P\Delta V$
等温変化	$PV=$一定	$\Delta U=0$	
断熱変化	$PV^r=$一定	$Q=0$	

$\Delta U=nC_V\Delta T$ は共通に使える。　　$C_P=C_V+R$

単原子分子なら　$U=\dfrac{3}{2}nRT$　　$C_V=\dfrac{3}{2}R$　　$C_P=\dfrac{5}{2}R$

ちょっと一言　細字は状態方程式や定義からすぐに分かるので覚える必要はない。
　　　　　　　定圧変化では $P\Delta V=nR\Delta T$ も活用しよう。最後の3つは単原子
　　　　　　　にしか使えないことに注意。

High　$U=nC_VT$ も共通に(無条件で)使える。なお，二原子分子なら $C_V=\dfrac{5}{2}R$

26　　定積，定圧，等温，断熱を組み合わせて図のよう
　　に変化させた。
　⑴　断熱変化はどれか。
　⑵　熱を吸収した過程はどれか。
　⑶　内部エネルギーが増加した過程はどれか。

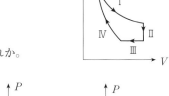

27　　図 a の $P\text{-}V$ グラフを $V\text{-}T$ グラフ
　　に直せ。Ⅱ は等温変化であり，グラ
　　フは概略でよい。
　　　図 b の $P\text{-}T$ グラフを $P\text{-}V$ グラフ
　　(概略)に直せ。また，気体が仕事を
　　された過程はどれか。

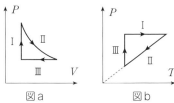

図 a　　　　　図 b

28* A, B内には気体が n モルずつ入っていて, はじめの圧力, 体積, 温度はともに P_0, V_0, T_0 である。加熱器 α から熱を与えると, ピストンは滑らかに動き B の体積は $\dfrac{V_0}{2}$ となった。この間, 冷却器 β で熱を奪い, B内の温度は T_0 に保たれている。気体の定積モル比熱を C_V とし, α, β 以外は断熱材でできているものとする。

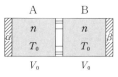

(1) A内の気体の内部エネルギーの増加はいくらか。

(2) α から与えた熱量を Q_1 とすると, β により奪った熱量 Q_2 はいくらか。

◆ 仕事と熱量の求め方のまとめ

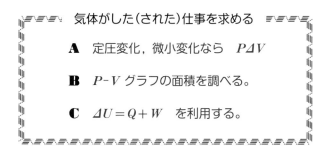

気体がした (された) 仕事を求める

A 定圧変化, 微小変化なら $P\varDelta V$

B P-V グラフの面積を調べる。

C $\varDelta U = Q + W$ を利用する。

解説

　A, **B** はいわば直接法で, **C** は間接法だ。まずは, 定圧変化かどうか確かめる。定圧なら公式一発――した仕事 $W' = P\varDelta V$ (またはされた仕事 $W = -P\varDelta V$) で終わる。微小変化も同様。P-V グラフがあれば, 面積から仕事の大きさが分かる。後は, 膨張か圧縮かを確かめて符号を考える。たとえば, 圧縮なのに「した仕事は？」と尋ねられることもある。マイナスを付けて答える。

　A, **B** で処理できないときは, いよいよ第1法則の登場だ。$\varDelta U$ と Q を押さえればよい。$\varDelta U$ は $\varDelta U = nC_V\varDelta T$ で, Q は問題文に与えられているはず。

29** 滑らかに動く質量 M, 面積 S のピストンにばね定数 k のばねが取り付けられている。はじめばねは自然の長さ l である。中の気体を温めたらピストンは h 上昇した。P-V グラフを利用して気体がした仕事を求めよ。大気圧を P_0, 重力加速度を g とする。

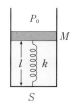

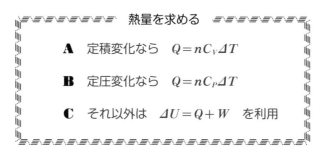

解説

$C_P = C_V + R$ の関係があるので C_V しか与えられないこともある。

単原子なら　$C_V = \dfrac{3}{2}R$, $C_P = \dfrac{5}{2}R$, $\Delta U = \dfrac{3}{2}nR\Delta T$　が用いられる。

30　2モルの単原子気体を膨張させ1000 Jの仕事をさせたが,温度は50 K下がった。熱を加えたのか, 奪ったのか。また, その熱量はいくらか。気体定数 $R = 8\,\mathrm{J/(mol\cdot K)}$ とする。

◆　熱効率

　気体の状態を順次変化させ, もとの状態に戻すという1サイクルの間に高温の熱源から吸収した熱量を Q_{IN}, 外にした正味の仕事を $W'_{正味}$ とすると, (熱)効率 e は

$$e = \frac{W'_{正味}}{Q_{\mathrm{IN}}}\quad\begin{array}{l}\text{—実質的に外へした仕事}\\\text{—真に吸収した熱量}\end{array}$$

　まず, $W'_{正味}$ は $P\text{-}V$ グラフで囲まれた面積に等しい。次に, 1サイクルするとはじめの温度に戻るから

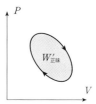

1サイクル ⇨ $\Delta U = 0$

　そこで1サイクルについての第1法則は, 低温の熱源に放出した熱量を Q_{OUT} とおくと

$$0 = (Q_{\mathrm{IN}} - Q_{\mathrm{OUT}}) + (-W'_{正味})\quad\therefore\quad W'_{正味} = Q_{\mathrm{IN}} - Q_{\mathrm{OUT}}$$

エネルギーの流れは右図のようになっている。熱エネルギー Q_{IN} をすべて $W'_{正味}$ に変えることはできない

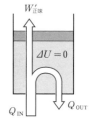

ので$e<1$である。$e=1-\dfrac{Q_{OUT}}{Q_{IN}}$とも表せる。自動車の場合なら，ガソリンを燃やして，ピストンを動かし，タイヤを回転させる。ガソリンから発生した熱量の何％が自動車の運動エネルギーに変わったかを示すのが熱効率だ。

High　$e<1$は**熱力学第2法則**に基づく。熱エネルギーは分子が乱雑に勝手気ままに動いていることによるエネルギーで，いわば烏合の衆ともいうべき質の悪いエネルギーだ。これをそのまま質の良い力学的なエネルギーに変えることはできないということである。

EX　単原子気体を I（定積）→ II（等温）→ III（定圧）と1サイクルさせた。IIでの吸収熱量はQ_2である。次の量を求めよ。

(1) I で吸収した熱量
(2) II でした仕事
(3) 熱効率

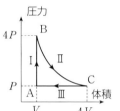

解　(1)　定積だから　$Q_1=nC_V\varDelta T=n\cdot\dfrac{3}{2}R(T_B-T_A)$
$\qquad\qquad\qquad=\dfrac{3}{2}(4P\cdot V-PV)=\dfrac{9}{2}PV$　　また　$W_1'=0$

(2)　等温だから　$\varDelta U_2=0$　　第1法則は　$0=Q_2+W_2$　∴　$W_2'=-W_2=\boldsymbol{Q_2}$

(3)　III は定圧で　$W_3'=P\varDelta V=P(V-4V)=-3PV$　また，温度が下がっているので熱を放出している。

$$\therefore\quad e=\frac{W_1'+W_2'+W_3'}{Q_1+Q_2}=\frac{Q_2-3PV}{\dfrac{9}{2}PV+Q_2}=\frac{2Q_2-6PV}{2Q_2+9PV}$$

1サイクルでの仕事$W_{正味}'=W_1'+W_2'+W_3'$は I ，II ，III で囲まれた三角形状の面積に等しいことにも留意。

31** 単原子気体を図のように1サイクルさせた。各図について熱効率eを求めよ。

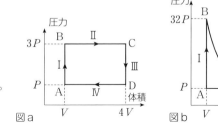

図a

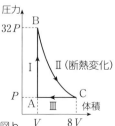

図b

◆　気体の混合

　2つの容器に，物質量，温度，圧力などの異なる
気体を入れ，コックを開いて混合させる。混合後の
状態を求めるとき，注目すべきことは次の2つ。

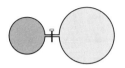

> 物質量の和が不変　　　両側の圧力は等しくなる

これを key として解いていくことになるが，状況は3つのタイプに分けられ
る。

気体の混合

A　気体の温度を外部から調節する ⇨ それぞれの状態方程式
　　　を書いて連立で解く。

B　断熱容器で混合 ⇨ 内部エネルギーの和が不変

C　片方が真空，断熱容器の中での拡散 ⇨ 温度が不変

【解説】

　Bの根拠についてふれておこう。気体全体について第1法則を考える。断熱な
ので $Q=0$，容器に対して仕事をしない（ピストンの類を動かさない）ので
$W=0$　∴　$\Delta U=0$　よって全体の内部エネルギーは変化しない。

　Cは**B**の特殊なケースとみてもよいし，分子運動論的にみれば，分子は速さを
変えず（つまり温度は変わらず）広がったにすぎない。なお，この場合 $PV^\gamma=$
一定 は用いられない。拡散の途中は気体全体の圧力が一様に変わっていかない
ことによる。

EX 1　体積 V, $3V$ の容器 A，Bがあり，間は細
　　　　い管で結ばれている。n モルの気体を入れ，
　　　　恒温槽によって A は温度 T に，B は $2T$ に
　　　　保たれている。A 内の圧力 P と物質量を求
　　　　めよ。気体定数を R とする。

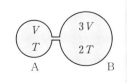

解　A，B内の物質量を n_1，n_2 とすると　$n_1+n_2=n$ ……①
　A，B内の圧力は等しいから状態方程式は

　　　　A：　$PV=n_1RT$ ……②　　　B：　$P\cdot 3V=n_2R\cdot 2T$ ……③

　②，③の n_1，n_2 を①に代入して

$$\frac{PV}{RT}+\frac{3PV}{2RT}=n \quad \therefore \quad P=\frac{2nRT}{5V} \qquad また \qquad n_1=\frac{PV}{RT}=\frac{2}{5}n$$

EX 2　　断熱材で作られた容器のAの部分(容積
　　　　V)には温度 T_0 の n モルの単原子気体が
　　　　入っている。容積 $2V$ のB内は真空である。
　　(1)　コックを開いて放置したときの温度を
　　　　求めよ。
　　(2)　続いて，コックを閉じ，A内の気体だけに熱を加えて温度を $2T_0$
　　　　にした後，再びコックを開いて放置したときの温度を求めよ。

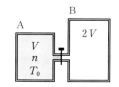

解　(1)　断熱容器内での真空への拡散では温度が不変だから **T_0**
　　このとき気体は一様な密度でA，B内に存在するので，体積に比例してA
　　内には $\frac{1}{3}n$ モル，B内には $\frac{2}{3}n$ モルがある。

　(2)　内部エネルギーの和が不変であり，最後は容器内の気体は一様な温度 T
　　になるから

$$\frac{3}{2}\cdot\frac{1}{3}n\cdot R\cdot 2T_0+\frac{3}{2}\cdot\frac{2}{3}n\cdot RT_0=\frac{3}{2}nRT \quad \therefore \quad T=\frac{4}{3}T_0$$

Q&A

Q　「物質量の和が不変」というのは，分子の総数が変わらないからですね。
　コックが開いていると両側の圧力が等しいというわけは？

A　パイプ内の気体(赤)に注目してみよう。力のつり
　合いから　$PS=P'S$ $\therefore P=P'$　というわけだ。
　もし，圧力が違っていると，高い方から低い方へ気
　体が流れ込み，圧力はすぐに等しくなってしまう。

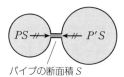

パイプの断面積 S

Q　**EX 1**では，左右の温度が違っているのに，**EX 2**では同じ。この差は何です
か。

A **Ex 2**の方が自然な話で，放って置くと全体は1つの温度になる。これに対して**Ex 1**は恒温槽（おんそう）で温度を強制的に維持しているんだ。圧力は等しいけれど温度は異なるというのは，やかんでお湯を沸（わ）かす時にも見られるよ。沸騰（ふっとう）していると，やかんの中の気体は100℃，外気温は，たとえば25℃。でもいずれも1気圧で圧力は等しい。内と外では気体の組成まで違っているね。これもガスの火あればこそで，火を止めれば，やがて全体は外気温に等しくなってしまう。

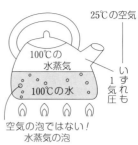

32* 容積 V, $2V$ の容器 A，B があり，間は細い管で結ばれている。A には n モル，B には $3n$ モルの気体が入っている。A 内の温度を T_0 とすると B 内の温度はいくらか。次に，A 内の温度を T_0 に保ち，B 内の温度を $\frac{3}{2}T_0$ にする。圧力ははじめの何倍になるか。

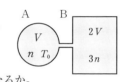

33 容器 A（容積 V）には圧力 P の気体が，容器 B（容積 $3V$）には圧力 $2P$ の気体が入っている。細いパイプで両者をつなぐと圧力はいくらになるか。容器とパイプは断熱材でつくられ，単原子気体とする。

電磁気

ここでの約束：
とくに断らない限り，次のように
考えて読んでいってほしい。

- ♣ クーロンの法則の比例定数を
  k とする。
- ♣ 空間は真空とする。
  （電磁気的には，空気は真空と
  ほぼ同等）
- ♣ 重力は考えなくてよい状況と
  する。
- ♣ コンデンサーははじめ電気を
  帯びていないとする。
- ♣ 電池の内部抵抗は 0 とする。
- ♣ 電気素量は e とする。電子の
  電荷は $-e$

I　電場と電位

◆　電気

すべての物体は原子からできている。原子は，プラスの
電気をもつ1つの原子核とマイナスの電気をもついくつか
の電子とからできていて，全体としては電気的に中性だ。

原子

原子から電子の一部が抜き取られるとバランスが崩れて
プラスになり，逆に電子が付け加わるとマイナスになる。
物体が電気を帯びる(帯電する)原因も電子の移動にある。異なった種類の物
体をこすり合わせると摩擦電気が生じ，一方がプラスに，他方がマイナスに
帯電するが，それも電子が移動したためである。

◆　クーロンの法則

電気の世界を支配するのがクーロンの法則だ。同種の電荷は反発し合い，
異種の電荷は引きつけ合う。その力(静電気力または電気力)の大きさ F〔N〕
は2つの点電荷の電気量 q_1，q_2〔C〕の積に比例し，距離 r〔m〕の2乗に反
比例する。

$$F = k\frac{q_1 q_2}{r^2}$$

クーロン力ともいう
近づくと強く，
離れると弱い力

比例定数 k の値は電荷をとりまく媒質によって決まる。空気中での値は真
空中での値とほとんど等しいので，とくに断りがない限り，区別しなくてよ
い。$k = \dfrac{1}{4\pi\varepsilon}$ と書き換えることもある。ε を誘電率という。

　　ちょっと一言　これは"点状の"電荷に対する式だ。実際には，帯電した物体の
　　　　　　　　大きさに比べて距離 r が十分大きければよい。
　　　　　　　　　q_1，q_2 は電気量の大きさ(絶対値)を入れて計算し，力の向きは両
　　　　　　　　者の ＋，－ から直感的に判断するとよい。

クーロンの法則の比例定数を k とし，数値は $k=9\times10^{9}\ \mathrm{N\cdot m^2/C^2}$ とする。

1　帯電した小球A，Bがあり，Aの電荷は $+2\times10^{-6}$ C で，10 cm 離れたBから右向きに 90 N の力を受けている。Bの電荷はいくらか。

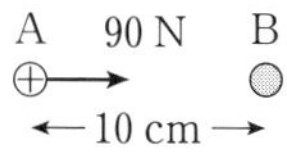

2　A，Bはまったく同じ小金属球で，Aは $+2\times10^{-6}$ C，Bは -8×10^{-6} C の電荷をもつ。30 cm 離したA，B間にはどんな力が働くか。次にA，Bを一度接触させてから再び 30 cm 離したときにはどんな力が働くか。

3　電荷 $+q$，$+q$，$-2q$ をもつ3個の小球A, B, C がある。AB間の距離は a，AC間は $2a$ で，∠BAC は直角である。Aが受けている静電気力の大きさ F を求め，向きを図示せよ。

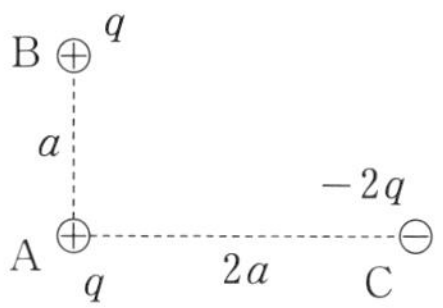

4*　図のような電荷をもつ小球A，B，Cが直線上に a，r の距離を隔てて置かれている。Cが受ける静電気力の大きさ F を求め，その向きが右向きとなるための r の範囲を求め，a で表せ。

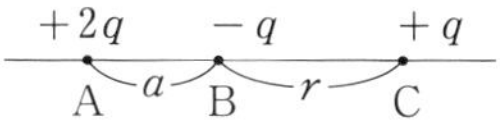

◆ 電場(電界)

電場を求める

1　+1 C を置いてそれが受ける力の大きさと向きを求める。

2　電場はベクトル和であることに注意する。

解説

電気を帯びた物体の周りには電場(でんば)(電界(でんかい))があるという。空間内の各点の電場(ベクトル) $\vec{E}$ は，その点に +1 C をもってきたとき受ける力で決める。

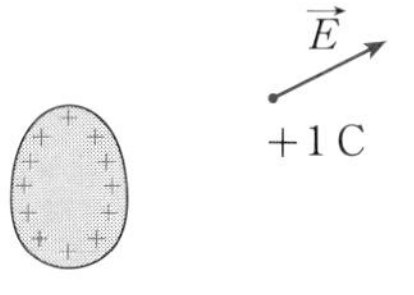

電場 $\vec{E}$ の強さ …… +1 C が受ける力の大きさ

向き …… 〃 向き

電場の強さ E の点に q〔C〕の電荷を置いたときに受ける力の大きさ F は

$$F = qE$$

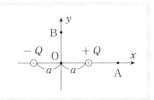

正の電荷は電場の向きに力を受け，負の電荷は電場と逆向きの力を受ける。

$E = F/q$ より E の単位は〔N/C〕。　q に符号を含めれば，$\vec{F} = q\vec{E}$

5　3×10^4 N/C の電場 E_1 がある。帯電体 P を置くと，電場と反対向きに 6 N の静電気力を受けた。P の電荷はいくらか。

6　前問の電場 E_1 に対し，逆向きに 5×10^4 N/C の電場 E_2 をさらに加える。P が受ける静電気力の向きと大きさを答えよ。

点電荷のつくる電場　点電荷 Q が距離 r 離れた点につくる電場の強さは，クーロンの法則より

$$E = \frac{kQ}{r^2} \quad \text{(点電荷)}$$

いくつかの点電荷があるときは 1 つ 1 つがつくる電場をベクトル的に合成すればよい。

EX　xy 平面上の点 $(-a, 0)$ に $-Q$ が，点 $(a, 0)$ に $+Q$ が置かれている。次の点での電場（電界）を求めよ。

A$(2a, 0)$，　O$(0, 0)$，　B$(0, a)$

解　$+1$ C が受ける $+Q$ からの力を実線で，$-Q$ からの力を点線で示す。

A $\cdots\cdots \dfrac{kQ}{a^2} - \dfrac{kQ}{(3a)^2} = \dfrac{8kQ}{9a^2}$，　**$+x$ 方向**

O $\cdots\cdots \dfrac{kQ}{a^2} + \dfrac{kQ}{a^2} = \dfrac{2kQ}{a^2}$，　**$-x$ 方向**

B $\cdots\cdots \dfrac{kQ}{(\sqrt{2}\,a)^2}\cos 45° \times 2 = \dfrac{kQ}{\sqrt{2}\,a^2}$，　**$-x$ 方向**

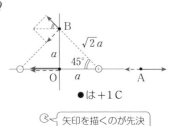

●は $+1$ C

矢印を描くのが先決

7* EXで次の点の電場を求めよ。C$(-3a,\,0)$, D$(0,\,y)$, F$(a,\,a)$。ただし、点 F は x, y 成分、E_x, E_y に分けて答えよ。

8* xy 平面上、原点 $(0,\,0)$ に $+2Q$, 点 $(a,\,0)$ に $-Q$ がある。電場が 0 となる点の座標を求めよ。

◆ 電気力線

電場の様子{よう}{す}を視覚的に表したものが電気力線{りきせん}だ。空間の各点での電場ベクトルが次々に接線となっていくような曲線を描いている。

> 接線の向きが電場の向き。
> 正の電荷から出て負の電荷に向かう。
> 密集している所ほど電場が強い。
> 交わったり、枝分かれしたりしない。

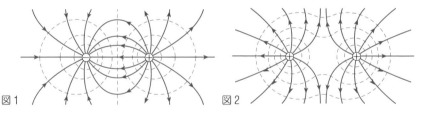

図1 電気量の大きさが等しい正・負の点電荷　　　　図2 電気量の等しい2つの正の点電荷

（点線は等電位面（後出）を示す）

◆ ガウスの法則

まずは約束　電場の強さが E 〔N/C〕の所では、電場に垂直な断面を通る電気力線を $1\,\mathrm{m^2}$ 当たり E 本の割合で引くものとする（理論上のことで、実際に描くときは適当でよい）。

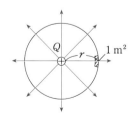

総本数　点電荷 Q 〔C〕から出る電気力線の総数 N を求めてみよう。点電荷を中心とする半径 r 〔m〕の球面を考えると、そこでの電場は　$E=kQ/r^2$。これは $1\,\mathrm{m^2}$ 当たりの本数でもあり、球面の

面積は $4\pi r^2$ 〔m²〕だから $N = \dfrac{kQ}{r^2} \times 4\pi r^2 = 4\pi kQ = \dfrac{Q}{\varepsilon}$ 〔本〕

　この本数は点電荷に限らず，任意の形状の電荷に対して成立することが証明されている（ガウスの法則）。もちろん $-Q$ の電荷には同じ本数が入ってくる。

EX　点 O を中心とする半径 a の球面上に正電荷が一様に分布し，全体では $+Q$ になっている。O から距離 $r(r>a)$ 離れた位置の電場を求めよ。

解　対称性から電気力線は O を中心として球面から放射状に出ていく（図a）。その総本数 N は $4\pi kQ$ 本であり，O を中心とする半径 r の球面上（表面積 $S = 4\pi r^2$）での電場を E とすると，E は単位面積あたりの本数に等しいから

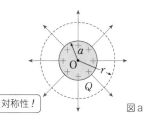

図a

対称性！

$$E = \frac{N}{S} = \frac{4\pi kQ}{4\pi r^2} = \frac{kQ}{r^2}$$

　この結果は Q をもつ点電荷が O にあるときつくる電場と同じである。それは，まわりの電気力線の様子が前ページの図と同じであることから一目瞭然と言ってもよい。

　球面上に一様に分布した電荷は，中心にすべての電荷が集まったのと同じ影響を周りに及ぼすことが分かる。

　ただ，電気力線は放射状に出ていくので球面内の電場は 0 である。図bのように，正反対の位置にある電荷からの電気力線が打ち消し合うからと考えてもよい。

図b

𝒫* 　一直線上に，単位長さあたり σ 〔C/m〕の正電荷が一様に分布している。この直線から r 〔m〕離れた点での電場の強さを求めよ。

◆　電位

　電場に比べると電位の理解度は格段に低くなってしまう。しかし，電位こそ電磁気全体を貫く芯となるものなので（それはおいおい分かってくると思

う），ここできちんと押さえておこう。まず，

静電気力の仕事は経路によらない

　そこで，静電気力に対して位置エネルギーを考えることができる。ある点の**電位とは**，そこに **+1 C** を置いたとき，**+1 C がもつ位置エネルギーのこと**である。'電' は電気を，'位' は位置エネルギーを表している。重力の位置エネルギー mgh と同類だ。まずは重力の位置エネルギーに戻ってみよう。

　高さ h にある物体が基準位置まで移る間に重力のする仕事 $mg \times h$ こそ重力の位置エネルギーの源だ。静電気力の位置エネルギーも同じ考えでいく。そして，特に，+1 C に対して静電気力のする仕事を電位といっている。なぜ 1 C で調べるのかといえば，電

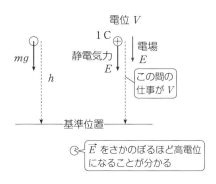

電位 V

mg　　　1 C 静電気力　電場 E

　　　　　　　E

この間の仕事が V

基準位置

$\vec{E}$ をさかのぼるほど高電位になることが分かる

位 V が分かればどんな電荷の場合もすぐに計算できるからだ。+2 C なら静電気力は 2 倍，したがって位置エネルギーは $2V$ というように……。

q 〔C〕のもつ位置エネルギー U 〔J〕は　　$U = qV$

　重力の位置エネルギーはマイナスとなることがあったように，電位もマイナスとなることがある。　$U = qV$ は　q も V も符号つきで代入する必要がある。また，$V = U/q$ より V の単位は 〔J/C〕，これを 〔V〕と表す。

　　ちょっと一言　重力が一定の力であるのに対し，静電気力は一般に場所によって異なるだけやっかいだが，まずは上のような本質部分をつかんでほしい。
　　　　また，物体の移動のさせ方は，基準位置から考えている位置までと習っている人もいるだろう。その場合は外力のする仕事として求める。外力（手の力）のした仕事分だけ物体は位置エネルギーを蓄えるという見方だ。

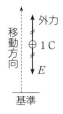

外力

移動方向　1 C

E

基準

　物体が静電気力だけを受けて運動するときには，力学的エネルギー保存則が成り立つ。

$$\frac{1}{2}mv^2 + qV = 一定$$

運動方程式では解けないケースでも OK

High　重力も働いていれば，$\frac{1}{2}mv^2 + mgh + qV = 一定$ と拡張する——自在に。

Q&A

Q　電場は何とか分かるのですが，電位が分かりません。

A　まずは力学を思い出してほしい。重力 mg のほかに位置エネルギー mgh が必要だったね。力を用いて運動方程式を立て，運動を調べるのが基本だけど，曲面上を滑る場合だと加速度が一定にならず，解けなくなってしまう。でも，エネルギー保存則なら対処できたよね。

　力と位置エネルギーのペアが大切なんだ。ばねの弾性力 kx に対して弾性エネルギー $kx^2/2$ を用意したし，万有引力に対しても位置エネルギーを用意したでしょ。

　今は静電気力による力学を扱いたいんだ。電場 E は静電気力 F 一歩手前の量。電荷を q として，$F = qE$　これで静電気力が扱える。E は $+1$ 〔C〕に働く力だね。次に用意したいのが静電気力の位置エネルギー U で，電位 V により，$U = qV$ と表せる。電位 V は位置エネルギー一歩手前の量で，$+1$ 〔C〕に対する位置エネルギーと言っていい※。

Q　理念は分かりましたが，力学とのつながりのイメージが'いまいち'です。

A　重力や弾性力に比べて静電気力は大きさも向きも複雑に変わるので，取り合えず電場 E と電位 V に代表してもらって（責任を押し付けて），その実態は状況に応じて決めることになる。

　高校では，一様電場と点電荷の２つのケースが扱われる。一様電場は静電気力が一定なので重力と似ている。そして，点電荷による静電気力はクーロンの法則に従うので，万有引力に似ている。ただ，＋・－があり，複数の点電荷を扱うので，少し（大分？）やっかいだね。

qE は力のつり合いや運動方程式で活躍し，電場中の運動ではエネルギー保存則「$\frac{1}{2}mv^2 + qV = $ 一定」で 電位 V が輝きを放つことになるよ。

※　正確には，電場 E 〔N/C〕は +1 C 当たりの静電気力，電位 V 〔V〕は +1 C 当たりの位置エネルギー〔V〕=〔J/C〕

一様な電場での電位

電場の強さ E と向きが一様な電場は，電気力線で表すと平行で等間隔となる。図のように x 軸をとり，原点 O を電位の基準（0 V）とする。位置 x での電位 V_1 は，+1 C に働く力 E と距離 x より $V_1 = Ex$ となり，x に比例して電位が増す。基準点より下では，静電気力の仕事が負となるから，電位 V も負となる。

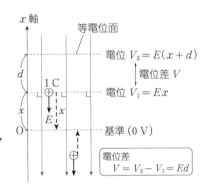

電場に対して垂直方向に +1 C を動かしてみても仕事は 0 だから，電位の等しいところを連ねた等電位面は電場（電気力線）に垂直になることも分かる。電場の向きが高電位側から低電位側に向いていることにも注意を払いたい。<u>一様電場は重力の世界にそっくりなのだ。</u>

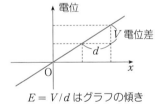

$E = V/d$ はグラフの傾き

電場に沿って距離 d だけ離れた 2 点間の電位の差，電位差（電圧）V は

$$V = Ed \qquad \text{（一様電場）}$$

ちょっと一言　$E = V/d$ より，電場の単位として〔V/m〕もあることが分かる。〔N/C〕と同じ内容だ。　$\dfrac{\text{V}}{\text{m}} = \dfrac{\text{J/C}}{\text{m}} = \dfrac{\text{Nm/C}}{\text{m}} = \dfrac{\text{N}}{\text{C}}$

10　上の図で，$x = l$ の位置で電荷 $+q$ を帯びた質量 m の小球を放した。$x = -\dfrac{l}{2}$ の位置を通るときの速さ v はいくらか。E を用いて表せ。

Q&A

Q 一様電場の公式は $V = Ed$ となっていますが，学校では $E = \dfrac{V}{d}$ です。教科書には両方が併記されています。数学的には同じですが，物理としての優先順はあるのですか？

A $V = Ed$ を優先したい。一様な電場 E では，2点間の電位差 V がどう表されるか，が理論的な話の流れなので。 E が先で，V が後。電場を習ってから電位を習うように，電場があるから電位がある，と論理は展開しているよ。力があって位置エネルギーが決まるということだね。

一様な電場は，次章で習うコンデンサーで実現する。コンデンサーは向かい合う2枚の平行な金属板（極板）からなり，一方の極板は正に，他方は負にそれぞれ一様に帯電している。そこで，極板間には一様な電場 E ができる。極板間の電位差 V が分かっていて，E が知りたいことが多いので，$E = V/d$ を公式として重視する人もいる。ただ，これだと V があるお陰で E があるように見えてしまう。

極板上の電荷 Q が電場 E をつくり，次に電位が（基準点を設けることによって）決まり，2点間の電位差 V が定まると理解したいんだ。<u>d は電場方向の距離</u>であること，電場に垂直な平面は等電位面であることも大事だよ。

ささいなことだけど，$V = Ed$ と $E = V/d$ は数学的に全く同じではないよ。前者なら，$d = 0$ も含むけど，後者では無理でしょ。

Q 電位と電位差，違いは何ですか。

A 2点の電位の差が電位差で，電位と電位差の関係は，座標と長さの関係に似ている。物の長さは誰が測っても同じだけど，座標は測る人によって変わるね。

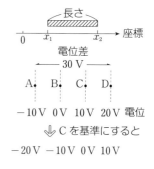

同じように電位差は誰にも共通，電位は基準点の取り方で変わるんだ。右の図なら，C の位置を基準にすれば，D は $+10\,\mathrm{V}$，A は $-20\,\mathrm{V}$ となる。でも，AD 間が $30\,\mathrm{V}$ であることに変わりはないね。

これは一様電場かどうかに関係なく成り立つ話だよ。

点電荷の電位　　点電荷 Q〔C〕から距離 r〔m〕離れた点の電位 V〔V〕は

等電位面

$$V = \frac{kQ}{r} \quad （点電荷，無限遠を基準）$$

Q **は符号つきであり**，正の電荷の周りの電位はプラス，負の電荷の周りの電位はマイナスになる。いくつかの点電荷があるときは，**それぞれによる電位の和**を取ればよい。

> ### 電場はベクトル和　　電位はスカラー和

　電場が一様でない場合にも，狭い範囲では一様とみなせるから，接近した2点間なら $E = V/d$ としてよい。電位のグラフでは，$d \to 0$ としたときの V/d は接線の傾きに対応する。つまり，**電位のグラフでは接線の傾きの大きさが電場の強さを表す**。

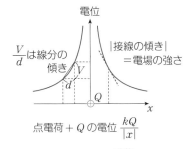

$\dfrac{V}{d}$ は線分の傾き

|接線の傾き|＝電場の強さ

点電荷 $+Q$ の電位 $\dfrac{kQ}{|x|}$

High　　$V = kQ/r$ の導出については姉妹編 p 165 を参照。

　　一般に，電位のグラフを見たら力学の滑らかな曲面を思い浮かべるとよい。上の例なら $+q$ の電荷を x 軸上に置くと，$+Q$ からの反発力で動き出すが，そのス

ピードは曲面上に置いた小球が転がり落ちるのと同じように増していく。qV が mgh に対応しているからだ。

　　ただ，$-q$ の電荷の運動を考えるときは曲面をひっくり返して見ること（x 軸に対称に）。

Q&A

Q　　点電荷の電位の公式 $V = \dfrac{kQ}{r}$ で Q には符号が含まれるというのは分かります。正か負で静電気力の向きが逆になるので。しかし，いくつかの点電荷があるときに，電位は足し算でいいという理由が分かりません。

　　たとえば，$+Q_1$ と $-Q_2$ があり，それぞれから r_1，r_2 離れた点 P の電位が $V = \dfrac{kQ_1}{r_1} + \dfrac{k(-Q_2)}{r_2}$ と，和になる理由は何でしょうか？

A 　電位は位置エネルギーにつながるものだったね。
より正確には，+1 C の(静電気力による)位置エネル
ギーだ。位置エネルギーは足し算ができる。
力学でも，重力のもとでばねが伸び縮みしていれば，

$mgh + \dfrac{1}{2}kx^2$ としていたでしょ。異種の位置エネル

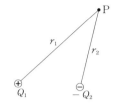

ギーでさえ足し算できるのだから，同種の $\dfrac{kQ}{r}$ ができないわけがない！

　$U = qV$ で完全な位置エネルギーだ。静電気力に加えて，重力も働いている
ケースなら， $qV + mgh$ で位置エネルギーが用意できる。

さらに，ばねまで関連していれば $\dfrac{1}{2}kx^2$ を加えればよい。それぞれの<u>基準点</u>
<u>はバラバラで構わない</u>よ。

　位置エネルギーは，基準点まで移動する際の，保存力がする仕事で決める。
複数の力がある場合，「合力の仕事＝それぞれの力の仕事の和」という関係に
基づいて説明するのが本来だけど，今は細かいことは抜きにしよう。

11　xy 平面上，$(a, 0)$ の位置に $+Q$，$(-a, 0)$ の位置に $-Q$ の点電荷がある。
次の点の電位を求めよ。無限遠を基準とする。

　(1)　O$(0, 0)$　　(2)　B$(0, y)$　　(3)　C$(2a, 0)$

12　前問で，x 軸上での電位を x 軸を横軸としてグラフに表せ(概略でよい)。

13*　固定された $+Q$ の点電荷から距離 a 離れた点で，$+q$ を帯びた質量 m の小
球Pを放した。$+Q$ から $2a$ 離れた点を通るときの速さ v，および十分に時間
がたったときの速さ u を求めよ。

```
╔═══════ 外力，静電気力の仕事を求める ═══════╗

   1  外力の仕事＝位置エネルギー qV の変化

   2  静電気力の仕事＝−（外力の仕事）

╚══════════════════════════════════════════╝
```

解説

　　電荷を静かに移動させるときの仕事を尋ねられたら？……　一様な電場なら直接計算できるが，一般には，外力（手の力）のした仕事を求めるには位置エネルギー qV の変化を調べればよい。分かりにくければ，重力の話に戻ろう。物を持ち上げたときの手のした仕事は重力の位置エネルギーの増加に等しい。自信がないときには簡明な例に戻る——この精神が大切。

　　一方，静電気力は外力と同じ大きさで逆向きなので，その仕事は外力の仕事と符号が逆になる。❷はこのことを表している。

14　　$+2\,\mathrm{C}$ の電荷を電位 $-10\,\mathrm{V}$ の点から $+20\,\mathrm{V}$ の点まで静かに移動させた。外力のした仕事はいくらか。

15　　図のように $-5\,\mathrm{C}$ の電荷を，点 A から B → C → A と移動させた。次の区間内での外力の仕事を求めよ。

(1)　AB 間　　(2)　BC 間　　(3)　一周

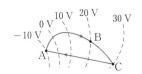

16　　$-3\,\mathrm{C}$ の電荷を電位 $+10\,\mathrm{V}$ の点から $-20\,\mathrm{V}$ の点まで移すとき，静電気力のした仕事はいくらか。

17*　　11において，q の電荷を位置 C$(2a,\ 0)$ から D$(0,\ 2a)$ に移すとき，外力のする仕事 W_1 と静電気力のする仕事 W_2 を求めよ。

High　静電気力のほかに重力も働いていたらどうする？

　　　　外力の仕事は（$mgh+qV$ の変化）を追うことになる。

　　　　一方，静電気力の仕事は，やはり $-$（qV の変化）なんだ。

◆　電場と電位の関係

次のように対応させてみると位置づけがはっきりする。

$$\text{電場 }\vec{E} \Longleftrightarrow \text{力 } \vec{F} \quad\cdots\cdots\cdots\cdots\cdots\quad \vec{F}=q\vec{E}$$
$$\text{電位 } V \Longleftrightarrow \text{位置エネルギー } U \quad\cdots\cdots\quad U=qV$$

電場はベクトル，電位は向きのないスカラーだ。両者の関係に入ろう。

電場（電気力線）の向きは　高電位 → 低電位

電気力線の出てくる元にはプラスが，向かう先にはマイナスがいる。プラスに近づくほど高電位，マイナスに近づくほど低電位となる。また，電場に垂直な方向に +1 C を移動させても仕事は 0（力と移動の向きが直角）だから，その方向は等電位となっている。

電場（電気力線）と等電位面は直交する

同じ距離だけ +1 C を動かすにしても，電場の強いところほど仕事は大きい。そこで等電位面を一定の電位差を隔てながら描くと，電場の強いところでは面が接近することになる。

1つの平面上で描くと，多くの等電位線が現れる。**等電位線を見たら，地図の等高線を思い浮かべる**とよい。等高線が接近しているところほど急 峻で重力の効果が大きい。等電位面なら電場が強い。電気を帯びた物体がどんな風に運動しそうか，力学の問題に焼き直して直感的にとらえられる。

以上を図にまとめてみた。

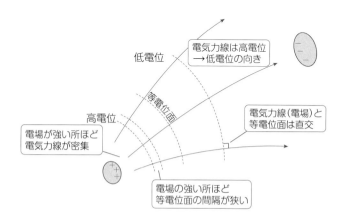

Q&A

Q　電場と電位には関係があるので，どちらか一方が与えられれば，相手のことが分かるというわけですね。

A　そう。等電位線が与えられて，電気力線を描くとか，その逆とかをやらされるね。

Q　「等電位線の図は等高線と思え」という話は学校でも習いました。＋ の近くは山のように電位が高くなり，− の近くは谷のように低くなっていることも。電気力線は水が流れる向きを表しているように見えます。

A　正電荷に対してはそれで OK。だけど，負電荷に対しては力の向きが逆転し，位置エネルギーが ＋・− 反転するから注意が必要だよ。

Q　$F=qE$ と $U=qV$ は無条件で成り立つもので，$E=\dfrac{kQ}{r^2}$ と $V=\dfrac{kQ}{r}$ は「点電荷 Q」に対する式なのですね。

A　その通り。ただ，内容がまるで違うからね。前者は，電荷 q の帯電体が電場に置かれたときの話。受ける力 F と帯電体がもつ位置エネルギー U の表式だ。
　　一方，後者は電場をつくる側の話。点電荷 Q が周りにつくる電場 E と電位 V の表式。まるで違うでしょ。

　　電位はスカラーで，電位に関する $U=qV$ と $V=\dfrac{kQ}{r}$ は符号付きであることにも要注意。
　　電場はベクトルで，電場に関する $F=qE$ と $E=\dfrac{kQ}{r^2}$ は大きさ，つまり，絶対値の関係。
　　混乱しそうだから，表にしてみたよ。

	電場 E	電位 V
一般	$F=qE$	$U=qV$
点電荷	$E=\dfrac{kQ}{r^2}$	$V=\dfrac{kQ}{r}$

　　電磁気で出合う公式のほとんどは絶対値の関係なんだ。やがて出合う電磁誘導の法則などでマイナスを用意するのは，便宜的なものに過ぎない。純粋な意味での符号付き公式は，$U=qV$ と $V=kQ/r$ に限られる。q，V，Q が符号付き（U も）。V は電位だけど，この 2 つ以外の公式で登場する V は電位差（電

圧)なんだ。電位はある点での値であり，電位差は 2 点間でのもの，くどいかもしれないけど，いいね。

　あとひとこと。電位は，0 とする基準が必要で，$V = \dfrac{kQ}{r}$ の基準は無限遠点。忘れないように。

　「静電気力による力学」と言ったけど，次の「導体の性質」からは純粋に電気の話に入ることになる。でも，電場 E と電位 V は電磁気全体を通して活躍していくよ。

◆　導体の性質

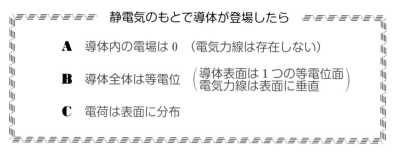

静電気のもとで導体が登場したら

A　導体内の電場は 0　（電気力線は存在しない）

B　導体全体は等電位　（導体表面は 1 つの等電位面 / 電気力線は表面に垂直）

C　電荷は表面に分布

解説

　金属(導体)は，規則正しく配列していて移動できない陽イオンと自由に動き回れる電子(自由電子)からできている。自由電子は無数といっていいほどあるため，導体に外から電場をかけても，自由電子の一部が移動して導体内部の電場は 0 になってしまう(**静電誘導**)。

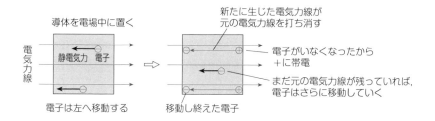

導体を電場中に置く

新たに生じた電気力線が元の電気力線を打ち消す

電気力線

静電気力　電子

電子がいなくなったから+に帯電

まだ元の電気力線が残っていれば，電子はさらに移動していく

電子は左へ移動する　　移動し終えた電子

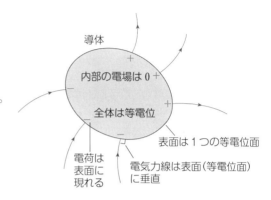

　導体の形が何であっても同じことだ。

　内部の電場が0だから静電気力も0で，+1Cをいくら移動させても仕事は0。つまり導体は端から端まで等電位ということになる。

　最後に，導体の内部には電荷はない。もしもあるとすると，ガウスの法則より電気力線が電荷に出入りしなければならないが，**A**より電気力線は導体内には存在できないからだ。だから電気を帯びた導体はその表面に帯電していることになる。

Q&A

Q　力学と波動まで，つまり「エッセンス」の上巻まではそれなりに納得できました。しかし，電気分野に入ったら，急に難しくなり，分かった気がしません。これから磁気分野に入るのですが，不安です。

A　その実感はもっともだね。力学・波動に比べて電気は崖に出会うかのごとき段差がある。2次元・3次元での認識が重視されることに加えて，正・負の電荷の存在が事態を複雑化している。

　まだ静電気しか習っていない人にもこれからの心構えとして役立つので，電気分野を一望してみよう。

　電気分野は，静電気（電場と電位）・コンデンサー・直流回路に分かれ，この順に習うのだけど，実は理解しづらい順なんだ。初めの方ほど理論的で，抽象

性が色濃く，３次元的になっているから。ガウスの法則はその最たるものと言える。

　まず，直流回路のマスターをめざすことを勧めたい。オームの法則は中学でも習ったことだし。「電位」の概念が目新しいけど，**回路は水路に，電流は水の流れに対応させる**のが分かりやすく，**電池はポンプのように水を持ち上げ，電位は水路の高さを表す**という見方ができれば，取り合えず OK。

　次に，静電気かコンデンサーか，取り組みやすい方を。多分，静電気の方が力学に近い分，取り組みやすいのでは。

　コンデンサーには「親しみが感じられない」というのが自然な感情かな。物理としての重要度もそれほどではないと思える（入試では重要だけど）。ガウスの法則に基づいて説明されているけど，$Q = CV$ と**電気量保存（電荷保存）**に注目して学習することを優先してくれればいい。

　「すべて理解しなければ」とか，「理解しないと先へ進めない」とは考えないように。「分かりにくいところは適当に流す」のがよい。そして，時々，振り返って考え直してみること。

　あきらめずに努力していると，ある日，突然，視界が晴れるんだ。ふと気が付いたら晴れていたということもある。いろいろな教科の中で，物理に際立って起こる現象といえる。「分かった！」という体験の積み重ねが，学ぶことの楽しさにつながるよ。

II　コンデンサー

◆　コンデンサー

```
┌─────────────────────────────┐
│        コンデンサーの基本        │
│                             │
│  1  極板間の電位差 $V$ を調べる。      │
│                             │
│  2  高電位側に $+Q$ が，低電位側に $-Q$ が蓄えられる。 │
│                             │
│  3  $Q=CV$ と $V=Ed$ を活用する。   │
└─────────────────────────────┘
```

解説

　コンデンサーは，一言(ひとこと)でいえば電気をためる装置。2枚の金属板を平行に置いたコンデンサーに電池をつなぐと，図1のように極板 A から電子が抜き取られ(そのため A は + に帯電し)，極板 B へ移されていく(B は − に帯電する)。コンデンサーを充電していく過程のくわしい話は後回しにし(p 65)，いまは電子の移動が終わった後の状態の図2に注目しよう。

　極板には $+Q$，$-Q$ の電荷がたまり，極板間の電位差(電圧)V は電池の起電力(電(きでんりょく)池の電圧)に等しくなっている。Q は V に比例し，比例定数 C を**電気容量**という。また，極板間には一様な電場 E が生じている。

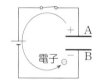

図1　しばらくの間，電子が移動する。(電流が逆向きに流れる)

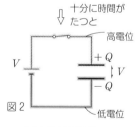

図2

同じ色は同じ電位

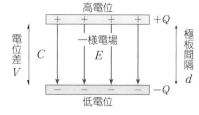

$$Q=CV$$

$$V=Ed$$

┌──────────────────┐
│ $Q=CV$ only ではダメ。 │
│ これだけのことをつか   │
│ んでおこう。   │
└──────────────────┘

> ちょっと一言　電気力線どうしは反発し合うので，極板の端で
> は電気力線が少しふくらんではみ出るが，極板の大き
> さに比べて間隔 d を十分小さくすれば無視できる。
> 断りがない限り無視してよい。

Q&A

Q　$+Q$，$-Q$ は電池から出てきたのじゃないんですか。

A　違う！違う！　電池は電荷のストックなんかもっていない。電池はあっちの電子をこっちへ移動させただけなんだ。そしてコンデンサーが自分と同じ電位差になるまでそれを続けるんだ。

Q　電気的に中性だった極板 A から電子がいなくなった分だけ + が現れ，その分の電子が B を − に帯電させていくわけだから，両極板の電気量の大きさ(絶対値)Q が等しいんですね。

A　その通りだね。　この例に限らず，コンデンサーという以上，いつも一方が $+Q$ なら向かい合った面には $-Q$ が必ずいる。しかも両者は引力で引きつけ合うから極板の内側表面にたまっていることも忘れないでほしいね。それから，「コンデンサーの電気量」とか「蓄えられた電気量」といえば，単に Q のことで 2 枚の分を合わせてじゃないからね。

> ### 極板上の電荷：一方が $+Q$ なら 向かい側は $-Q$

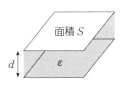

面積 S

d　ε

> 容量は S に比例し，
> d に反比例する。

電気容量 C〔F〕は，コンデンサーの形状と極板間に入れる誘電体で決まり

$$C = \varepsilon \frac{S}{d} = \varepsilon_r \varepsilon_0 \frac{S}{d}\ \text{〔F〕}$$

ε：誘電体の誘電率，　ε_0：真空の誘電率

$\varepsilon_r = \dfrac{\varepsilon}{\varepsilon_0}$ ：誘電体の比誘電率 ($\varepsilon_r \geqq 1$)

EX　電気容量の公式をガウスの法則を用いて導け。

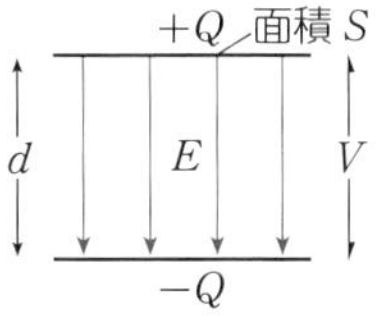

解　極板上の電気量を Q とする。$+Q$〔C〕からは $N=4\pi kQ=Q/\varepsilon$〔本〕の電気力線が出る。単位面積当たりの本数が電場 E〔N/C〕に等しいから

$$E=\frac{N}{S}=\frac{Q}{\varepsilon S}\cdots① \quad 一様電場より \quad V=Ed=\frac{Qd}{\varepsilon S}$$

$$\therefore \quad Q=\frac{\varepsilon S}{d}V \quad Q は V に比例し，さらに比例定数は \quad C=\frac{\varepsilon S}{d}$$

なお，①は Q が一定なら d に関係なく E が一定であることも示している。

◆ 電気量の保存

回路の孤立部分に目を向けてみよう。孤立部分とは周りから切り離された所で，いわば“離れ小島”になっている所だ。回路の一部を描いた下の例では点線で囲んだ部分である。電子は導線伝いにしか移動しないから，孤立部分の総電子数は不変となる。いいかえると総電気量が不変となる。これを**電気量保存則（電荷保存則）**という。

孤立部分の総電気量は一定

電荷は極板上にしかたまらないから，孤立部分にある極板にだけ注目し，電荷の総和を取ればよい。

電荷の移動を考えるときは，正の電荷が自由に動けるとして考えた方が分かりやすいし，普通はそうしている。

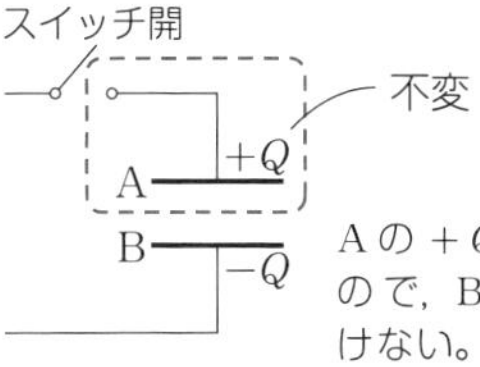

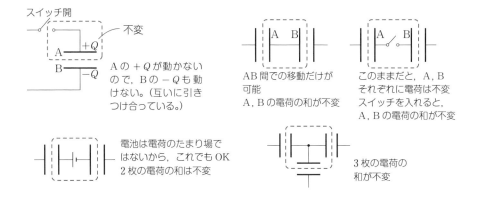

Aの $+Q$ が動かないので，Bの $-Q$ も動けない。（互いに引きつけ合っている。）

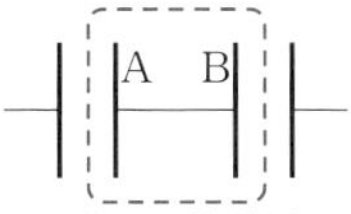

AB間での移動だけが可能
A, Bの電荷の和が不変

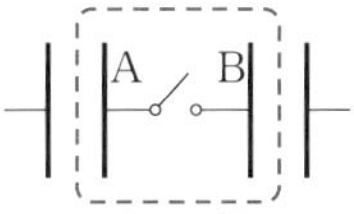

このままだと，A, Bそれぞれに電荷は不変
スイッチを入れると，A, Bの電荷の和が不変

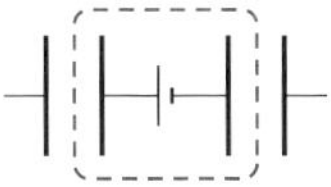

電池は電荷のたまり場ではないから，これでもOK
2枚の電荷の和は不変

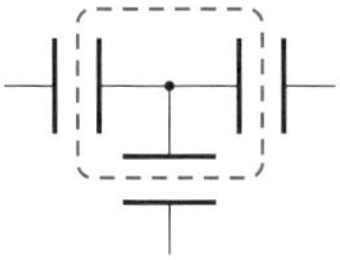

3枚の電荷の和が不変

╭─────────────── **極板間隔を変える** ───────────────╮

　A　スイッチを閉じたまま ⇨ 電圧 V が一定

　B　スイッチを開いてから ⇨ 電気量 Q が一定 ⇨ 電場 E が一定

╰──╯

[解説]

　　コンデンサーを充電し，$Q = CV$ の電気量をも
たせた後，極板間隔 d を変える(容量 C が変わ
る)。これはスイッチを入れたままで行うか，
切ってから行うかで大きく異なる。

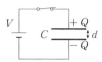

　A　閉のままなら，コンデンサーの電圧は電池の
　　起電力 V にたえず等しい。C が変わるので電
　　気量が変わる。

閉じたまま

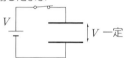

　B　開にしてからだと，極板 A が孤立し，$+Q$
　　が変わらない(B の $-Q$ も動けない)。C が変
　　わるので電圧が変わる。

開いてから

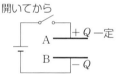

　　右図のように Q が一定なら d を変えても電気力線
の密度が同じで E が一定でもある(前ページ)。する
と $V = Ed$ より電圧は d に比例して変わることになる。

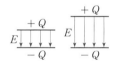

　知っておくとトク　Q 一定なら E 一定，電圧は d に比例し
　　　　　　　　　　　て変わる。

18　スイッチ S を閉じ，電圧 V で充電した容量 C のコンデンサーがある。この
　　状態から，
　　(1)　S を閉じたまま極板間隔を 3 倍にした。その間に電池を通った電気量を求
　　　　めよ。
　　(2)　S を切ってから極板間隔を 3 倍にした。コンデンサーの電圧を求めよ。

19　前問と同じ初期設定で，S を閉じたまま極板間隔を $\dfrac{1}{2}$ 倍にし，そこで S を
　　切り，再び元の極板間隔に戻した。コンデンサーの電圧を求めよ。

◆　合成容量 …… 並列と直列

　並列公式は強固だが，直列公式は弱い。……いいかえると直列公式はある条件の下で成り立つのだが，知っている人はほとんどいない。そのあたりは公式の導出過程を追ってみると分かる。また，コンデンサーの複雑な問題を扱うときの基本となる考え方がよく現れるので公式を出してみよう。

　まずは〈並列〉から。**並列の特徴は電圧 V が等しいことだ。**A と C がつながっていて等電位，B と D も別の等電位。だから AB 間と CD 間の電位差は等しい。等電位の部分を追うことは非常に大切で，こんな簡単な例から順次慣れていきたい。

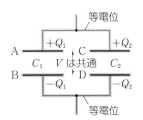

　　左のコンデンサー：　　$Q_1 = C_1 V$　　……①
　　右のコンデンサー：　　$Q_2 = C_2 V$　　……②
　　①＋② より　　　　$Q_1 + Q_2 = (C_1 + C_2)V$

　左辺の $Q_1 + Q_2$ は A，C を合わせて 1 枚の陽極板(対応して B，D が 1 枚の陰極板)と見たときの電気量 Q である。つまり全体を 1 つのコンデンサーと見たとき，電気量 Q，電圧 V だから $C_1 + C_2$ が合成容量ということになる。コンデンサーが 3 つ以上並列になっている場合も，①＋②＋… とすることにより，

$$並列　　C = C_1 + C_2 + \cdots$$

EX　　C_1〔F〕，C_2〔F〕のコンデンサーと V〔V〕の電池が図のようにつながれて，S_1 だけが閉じられている。

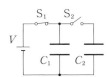

(1)　S_1 を開いて S_2 を閉じる。コンデンサーの電圧はいくらになるか。また，C_2 の電気量はいくらになるか。

(2)　続いて S_1 を再び閉じる(S_2 は閉じたまま)。この後電池を通る電気量はいくらか。

[解] (1) はじめ C_1 には電圧 V がかかっているので, その電気量 Q_1 は $Q_1 = C_1 V$ 一方, C_2 の電気量や電圧は 0 である(それは C_2 の上側極板が孤立していて電気量 0 のままだから)。

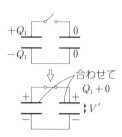

S₁ を開き S₂ を閉じると, C_1, C_2 は並列になる。時間的に追うと, C_1 の電荷の一部が C_2 に移り, C_1 の電圧が下がって C_2 の電圧が上がり, やがて両者の電圧は等しくなる。 $Q_1 + 0 = (C_1 + C_2) V'$

$$\therefore \quad V' = \frac{C_1}{C_1 + C_2} V \ (\text{V}) \quad \text{また} \quad Q_2' = C_2 V' = \frac{C_1 C_2 V}{C_1 + C_2} \ (\text{C})$$

(2) C_1, C_2 からなる並列コンデンサーに電圧 V がかかるから, 全電気量 Q' は $Q' = (C_1 + C_2) V$

並列コンデンサーの電気量の増加は $Q' - Q_1 = C_2 V \ (\text{C})$

これこそ電池を通った電気量である。

通過電気量 …… 関連する極板の前後の電気量を押さえる

スイッチを通った電気量などもよく問われる。スイッチにつながる極板はどれかから思考が始まる。2つ以上の極板につながる場合は, 総電気量の変化を追えばよい。

20 20 V で充電された 10μF のコンデンサー C_1 と, 10 V で充電された 40μF のコンデンサー C_2 をつなぎ, スイッチを入れると何 V になるか。図 a, b の場合について答えよ。

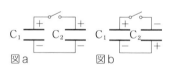

図a　　　図b

知っ得トク $Q = CV$ の単位は $(\text{C}) = (\text{F}) \times (\text{V})$ が基本だが, $(\mu\text{C}) = (\mu\text{F}) \times (\text{V})$ でもよい。10^{-6} を表すマイクロ μ が両辺にかかっているからだ。

次に〈直列〉。直列は, 各コンデンサーがはじめ電荷をもっていないという状況からスタートする。全体に電圧 V をかけたのが右の図で, 極板 A に $+Q$ がたまったとすると B には当然 $-Q$。さて, 極板 B, C の電荷ははじめ 0 であり, BC 間は孤立しているから今も電気量の和は 0 でなければな

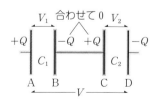

らない。すると C は $+Q$ にならざるを得ない。向かい合った D は当然 $-Q$。
直列の特徴は電気量 Q が等しいことだ。

　　左のコンデンサー：　$Q = C_1 V_1$　……①

　　右のコンデンサー：　$Q = C_2 V_2$　……②

　　BC 間が等電位だから　$V = V_1 + V_2$　……③

　　③に①，②を代入して　$V = \dfrac{Q}{C_1} + \dfrac{Q}{C_2} = \left(\dfrac{1}{C_1} + \dfrac{1}{C_2} \right) Q$

　全体を 1 つのコンデンサー（A が陽極板，D が陰極板で BC 間は忘れ去る）
と見ての　$Q = CV \to V = \dfrac{1}{C} Q$　と比較すると　$\dfrac{1}{C} = \dfrac{1}{C_1} + \dfrac{1}{C_2}$

　コンデンサーの数が増えても，同様にして

$$\text{直列}\quad \frac{1}{C} = \frac{1}{C_1} + \frac{1}{C_2} + \cdots$$

「はじめコンデンサーの電荷なし」こそ直列の条件なのだ。

> **ちょっと一言**　はじめから各極板に $+Q$，$-Q$，$+Q$，$-Q$，……とズラッと並
> んでいてもよいわけで，"はじめ電荷なし" は少しきつ過ぎるけど，実用
> 上は問題ないだろう。
>
> 　　Q が等しくなることを充電の観点から説明しておこう。A から D に電
> 子が移るため，A が $+Q$，D が $-Q$ になり，AD 間に電場ができる。す
> ると静電誘導により B に $-Q$ が，C に $+Q$ が現れる。

EX　C_1 の電気量と電圧を求めよ。

解　直列だから　$\dfrac{1}{C} = \dfrac{1}{C_1} + \dfrac{1}{C_2}$　より　$C = \dfrac{C_1 C_2}{C_1 + C_2}$　$\therefore$　$Q = CV = \dfrac{C_1 C_2 V}{C_1 + C_2}$

　C_1 だけについて　$Q = C_1 V_1$　より　$V_1 = \dfrac{Q}{C_1} = \dfrac{C_2}{C_1 + C_2} V$

トク　2 個の直列の場合，片側にかかる電圧がよく出題される。上の解き
方が素直だが，$Q = C_1 V_1$，$Q = C_2 V_2$　より　$\dfrac{V_1}{V_2} = \dfrac{C_2}{C_1}$

つまり，**直列では電圧は容量の逆比になる。**

よって，V_1 は V を $C_2 : C_1$ の比で分配すればよい。

21* コンデンサーにはかけられる最大電圧(耐電圧)がある。$1\,\mu\mathrm{F}$, 耐電圧 $200\,\mathrm{V}$ の C_1 と, $4\,\mu\mathrm{F}$, 耐電圧 $100\,\mathrm{V}$ の C_2 2つを並列にしたときの容量 C と耐電圧, および蓄えられる最大電気量 Q はいくらか。また, 直列にしたときはどうか。

コンデンサー回路を解く

1 等電位の部分をたどって電圧のかかり方を調べる。

2 並列・直列を組み合わせて合成容量 C を求める。

3 全電気量を $Q = CV$ で求め, 必要に応じて細かい部分を調べる。

4 スイッチを切り替えたり, はじめに電荷がある場合は, 孤立部分の電気量保存に注意する。

【解説】

　コンデンサー回路を並列や直列の組み合わせとして解きほぐしていくためには, 配線を組み替えてみることも時として必要になる。要領は, 導線部をゴムひものように自由に伸び縮みさせ, 分かりやすい形にすること。実例を見てみよう。

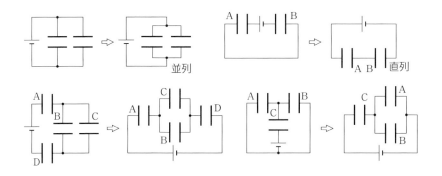

EX1 C_1 および C_3 に蓄えられている電気量を求めよ。

解 **Miss**　C_1 と C_3 を直列としてはダメ。

描き変えると図 a のようになる。まず C_1 と C_2 が並列で　$C_{12}=C_1+C_2$（図 b）。

次に C_{12} と C_3 が直列で　$\dfrac{1}{C_{123}}=\dfrac{1}{C_{12}}+\dfrac{1}{C_3}$（図 c）

$$\therefore\quad C_{123}=\frac{C_{12}C_3}{C_{12}+C_3}=\frac{(C_1+C_2)C_3}{C_1+C_2+C_3}$$

$$\therefore\quad Q=C_{123}V=\frac{(C_1+C_2)C_3V}{C_1+C_2+C_3}\quad\cdots\cdots\quad これは C_3 の電気量でもある。$$

次に図 b に戻って　$Q=C_{12}V_{12}$　より　$V_{12}=\dfrac{Q}{C_{12}}=\dfrac{C_3}{C_1+C_2+C_3}V$

図 a に戻って　$Q_1=C_1V_{12}=\dfrac{C_1C_3V}{C_1+C_2+C_3}$

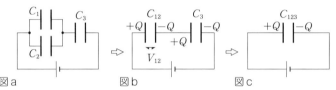

22　図のような電気容量をもつ 4 つのコンデンサーがある。合成容量 C_T はいくらか。また，C のコンデンサーの電圧はいくらか。

EX 2　図で S_1 だけを閉じる。C_2 の電圧 V_2 はいくらか。次に S_1 を開き，S_2 を閉じる。C_1 および C_2 の電圧 V_1'，V_2' はいくらになるか。

解　C_1 と C_2 が直列で，電圧は容量の逆比になるから　$V_2=\dfrac{C_1}{C_1+C_2}V$

C_2 の電気量は　$Q_2=C_2V_2=\dfrac{C_2C_1V}{C_1+C_2}$

S_1 を開くと C_1 の左側板板が孤立し，C_1 の電気量が変わらなくなる。電圧も同じで

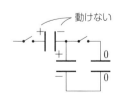

$$V_1'=V_1=\frac{C_2}{C_1+C_2}V\quad（逆比配分）$$

このように，スイッチを切ったときは何も起こらな

いが，孤立部分を生じて今後に影響する。

結局，S_2 を閉じると電荷は C_2 と C_3 の間だけを移動し，

2つは並列だから $Q_2 + 0 = (C_2 + C_3) V_2'$ ∴ $V_2' = \dfrac{C_1 C_2}{(C_1 + C_2)(C_2 + C_3)} V$

EX 3   はじめスイッチを a 側に入れ，次に b 側に入れる。C_1 の電圧はいくらになるか。

解 a 側のとき C_1 にたまる電気量は $Q_1 = C_1 V$

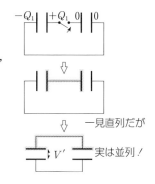

Miss b 側に変えると，直列になると思うと大間違い。直列は見かけだけではだめで，直列の条件が満たされていない。

b 側に切りかえた場合，右図のように形を変えてみると，実は2つは並列になっていて，赤色部についての電気量保存から

一見直列だが

実は並列！

$Q_1 + 0 = (C_1 + C_2) V'$ ∴ $V' = \dfrac{C_1}{C_1 + C_2} V$

---

23   右図で，スイッチを a 側に入れ，次に b 側に切りかえる。C_2 の電圧はいくらになるか。

24 *   前問に続き，スイッチを a 側に戻し，再び b 側にする。C_2 の電圧はいくらになるか。また，このような切りかえをくり返すと，最終的に C_2 の電圧はいくらになるか。

◆　極板間への金属板や誘電体板の挿入

極板間に金属板や誘電体板を入れるとコンデンサーの電気容量が増す。

（I）金属板の挿入

図1の $+Q$, $-Q$ に帯電した極板 AB 間(容量 C, 間隔 d)に, 帯電していない厚さ D の金属板を入れると静電誘導により図2のように $-Q$, $+Q$ の電荷が現れる。

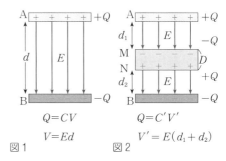

$Q=CV$
$V=Ed$
図1

$Q=C'V'$
$V'=E(d_1+d_2)$
図2

金属(導体)の中の電場は0であり, 電気力線が通らない。A の $+Q$ から出た電気力線を全部吸い取るために, 金属板の上の面に $-Q$ が現れるわけだ。

このとき電場 E は変わっていないことに注意したい(Q 一定は E 一定)。変わったのは AB 間の電位差であり, $V'=Ed_1+Ed_2=E(d_1+d_2)$

$V=Ed$　と　$d=d_1+D+d_2$　より　$V'=\dfrac{V}{d}(d-D)$

$Q=C'V'$　と　$Q=CV$　より　$C'=\dfrac{Q}{V'}=\dfrac{d}{d-D}C=\dfrac{\varepsilon S}{d-D}$

この結果は, 極板間隔が $d-D$ のコンデンサーと同じ電気容量になったことを示している。金属板の厚み分だけ間隔が減ったとみてもよい。金属板を入れる位置は任意であることも分かる。

> ### 金属板の挿入 ⇨ 極板間隔を減らす効果

ちょっと一言　金属板をどんなに薄くしていっても上面に $-Q$, 下面に $+Q$ が現れることに変わりはない。

金属内の電場0については右図のような見方もできる。

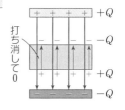

25　図2は, AM 間を1つのコンデンサー C_1', NB 間を1つのコンデンサー C_2' と見て, それらの直列接続と考えることもできる(金属の厚み部分は導線と同じ役割)。この見方で AB 間の電気容量を求め, ε, S, d, D で表せ。

26   図1，図2のそれぞれについて，極板Bの電位を0とし，Bからの距離を横軸に取ってBA間の電位のグラフを描け。図1での電位差 V を用いて目盛をつけよ。

27   極板間隔の $\dfrac{1}{3}$ の厚みをもつ金属板を挿入すると，電気容量は何倍になるか。

多重極板   極板が何枚にもなると，どの極板間がコンデンサーをなしているかの見極(みきわ)めが必要になる。

EX   4枚の同じ極板を図のような間隔で並べ，起電力 V の電池につないだ。はじめスイッチ K は閉じられ，S は開かれている。接地点の電位を0として，極板Bの電位を求めよ。次に，S を閉じたときのBの電位を求めよ。

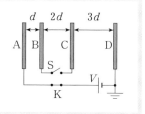

解 極板間隔 d，$2d$，$3d$ の3つのコンデンサーの直列と見ると，電気量が等しいから，電場 E も等しい。

AD 間について $V = Ed + E \cdot 2d + E \cdot 3d = 6Ed$

BD 間の電位差を V_{BD} とおくと

$V_{BD} = E \cdot 2d + E \cdot 3d = 5Ed$ ∴ $V_{BD} = \dfrac{5}{6}V$

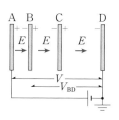

D の電位は0であり，Bの方が高電位だから，この値はそのままでBの電位になっている。

S を閉じると，BとCが等電位になり，BC間はコンデンサーではなくなる（電位差0だから電気量0）。AB 間，CD 間の2つの直列になり，電場を E' とすると

AD 間について $V = E'd + E' \cdot 3d = 4E'd$

CD 間について $V_{CD} = E' \cdot 3d$ ∴ $V_{CD} = \dfrac{3}{4}V$

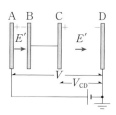

この値はCの電位でもあり，Bの電位でもある。

ちょっと一言   接地（アース）点があれば，断りがなくてもそこを電位の基準（0 V）とする。接地点は電位を尋ねるために設けるので，回路としてはなくても同じ。**電位を調べるときは，0 V から順次たどっていくこと。**

High   接地点が2箇所にあるときは注意。その2点を導線で結んで考える必要がある。大地を通って電気が流れるためだ。

28* **EX**のはじめの状態からKを開き，次にSを閉じたときのBの電位とAの
電位を求めよ。

29** 面積Sの3枚の金属板A，B，Cを間隔dで並べ，
図のように電池や導線で結ぶ。B上の電荷を求めよ。次
にスイッチKを切り，Bを上にxだけ上げたときの
BC間の電位差V'を求めよ。間隔dのときの容量をC
とし，誘電率をε_0とする。

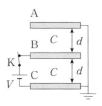

（II）誘電体板の挿入

　下図1の$+Q$，$-Q$に帯電した極板間に比誘電率ε_rの誘電体板を挿入す
ると，真空部分の電場Eは変わらないが，誘電体内の電場はE/ε_rとなる
（図2）。$\varepsilon_r > 1$より誘電体を入れることによりその部分の電場を弱くしたこ
とになる。

　これは誘電体の表面に電荷が現れ（誘電分極），電気力線の一部を消すため
だ。誘電体には自由電子がない。電子は原子（あるいは分子）内でしか動けな
いので，導体のように内部の電場を0にまではできない。

　図1と2を比べると，Qは同じだが，図2の方が誘電体部分の電場が弱く，
電位差が小さい。よって図2の方が電気容量が大きい。誘電体はどこへ入れ
ても電位差は同じだから，入れる位置は電気容量に影響しない。

　図3のように誘電体の上面と下面に薄い金属板を入れても電気容量は変わ
らないから，図2の電気容量は図4のように3つの部分の直列として求める
ことができる。

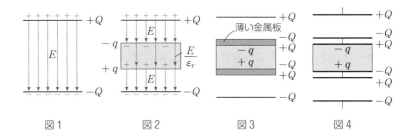

図1　　　　　図2　　　　　図3　　　　　図4

(III) 挿入のまとめ

金属板や誘電体板を入れたときの電気容量は入れる位置によらないから, 片側へ寄せてから直列・並列公式を使うと早い。

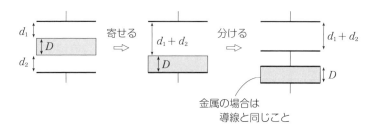

途中までの挿入についても, 次のように直してから計算すればよい。

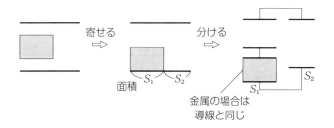

ちょっと一言　金属板・誘電体板ともに, 挿入すると電気容量は増加する(途中までの挿入でも)。

30　電気容量 C, 極板間隔 d のコンデンサーに, 厚さ $\dfrac{d}{2}$, 比誘電率 3 の誘電体板を入れた。容量はいくらになるか。

31*　長方形の極板(一辺の長さ l)からなる電気容量 C, 間隔 d のコンデンサーがある。これに, 厚さ $\dfrac{2}{3}d$ の次の板を x まで入れたときの容量を求めよ。

(1)　導体板　　(2)　比誘電率 3 の誘電体板

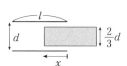

◆　必殺技 …… 電位による解法

電位を用いてコンデンサー回路を解く

1　適当に 0 V をとり，回路の各部分の電位を調べる。

2　孤立部分について電気量保存の式を立てる。

解説

　複雑な回路になると並列や直列に分解できなくなる。どん
な場合にも対処できる方法の話をしよう。

　まずはその準備から。容量 C のコンデンサーがある。極
板 A の電位を x〔V〕，B の電位を y〔V〕とすると，A 上に
ある電気量は符号を含めて $Q_A = C(x-y)$ と表される。

　なぜなら，$x>y$ なら A 上には正の電荷があるはずで電位
差は $V=x-y$ だから $Q_A=CV=C(x-y)$　反対に，$x<y$ なら A 上には負の電
荷があるはずで，電位差は $V=y-x$ だから $Q_A=-CV=-C(y-x)=C(x-y)$
結局，上の式は x，y の大小関係によらず成り立つ（$x=y$ のときの $Q_A=0$ を含め
て）。

　$x-y$ では扱いにくいから，（考えている極板の電位）－（向かい合った極板の電
位），もっと簡単に，（自分）－（相手）と覚えてしまおう。

ある極板上の電荷 $= C \times$（自分－相手）

この式は符号を含めて成立しているから，孤立部分のすべての極板について総
和をとれば電気量保存則が用いられる。電位が求まれば，コンデンサーのすべて
——電位差，電気量，静電エネルギー…が計算できる。

EX 1　　10 μF のコンデンサーの電圧 V はいく
　　　らか。また，20 μF のコンデンサーの左側
　　　極板の電気量 Q_L はいくらか。

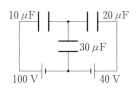

解 右のように電位を割り振る。

電位 x 〔V〕の孤立部分について

$$\underset{A}{10(x-100)}+\underset{B}{20(x-40)}+\underset{C}{30(x-0)}=0$$

$$\therefore\quad x=30$$

$$\therefore\quad V=100-30=\textbf{70}\,\textbf{(V)}$$

$$Q_L=20\times(30-40)=\textbf{-200}\,\textbf{(}\boldsymbol{\mu}\textbf{C)}$$

基準は適当に決める。
なるべく電位の低い
所をとるとよい。

(別解) スタンダードな解法を用いてみる。ま
ず，各コンデンサーの電気量を Q_1，Q_2，
Q_3〔μC〕とし，電圧を V_1，V_2，V_3〔V〕とす
る。＋，－の配置は適当に決めておけばよ
い（もし違っていたら，Q や V の値が負で出
てくる）。

$$Q_1=10\,V_1\cdots\cdots① \qquad Q_2=20\,V_2\cdots\cdots②$$

$$Q_3=30\,V_3\cdots\cdots③$$

孤立部分の電気量保存より 　　$(-Q_1)+Q_2+Q_3=0$　……④

さらに，2点の電位の差より（極板の ＋，－ に注意して電位の上がり下がりを
調べることにより）

a と b (a→b と a→c→b) 　　　　$100=V_3+V_1$ 　　　……⑤

a と c (a→c と a→d→c) 　　　　$V_3=40+V_2$ 　　　……⑥

これで未知数6個に対して，式が6個でき，連立方程式が解ける。

①，②，③を④に代入して 　　$-10\,V_1+20\,V_2+30\,V_3=0$　……⑦

⑤，⑥，⑦の連立を解くと 　　$V_1=\textbf{70}\,\textbf{(V)}$，$V_2=-10$〔V〕，$V_3=30$〔V〕

図より 20 μF の左側の極板は $+Q_2$ だから

$$+Q_2=20\,V_2=\textbf{-200}\,\textbf{(}\boldsymbol{\mu}\textbf{C)}$$

「電位による解法」がいかに速く解けているか，よく味わってほしい。

Miss 　200 μC ではダメ。「コンデンサーの電気量」ならそれでよいが，極板指定
　　　　があるときは，符号を考えて答えること。

32* 　3 μF のコンデンサーに蓄えられている電気量を
　　　求めよ。

33 　p 56 の EX 1 を電位の方法で解いてみよ。

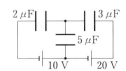

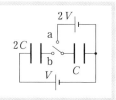

EX 2　電気容量 C, $2C$ のコンデンサーと起電力 V, $2V$ の電池を用いて図のような回路をつくった。スイッチを a に入れてから b に切り替える。$2C$ のコンデンサーの左側極板の電荷 Q_L はいくらか。

解　a のとき，C のコンデンサーの電気量は

$$Q = C \cdot 2V$$

b のとき，電位 x 〔V〕の孤立部分について

$$\underset{A}{2C(x-V)} + \underset{B}{C(x-0)} = \underset{A}{0} + \underset{B}{2CV}$$

$$\therefore \quad x = \frac{4}{3}V$$

$$\therefore \quad Q_L = 2C\left(V - \frac{4}{3}V\right) = -\frac{2}{3}CV$$

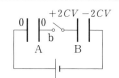

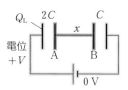

34 *　C_1 はすでに 30 V で充電され，C_2 は未充電である。スイッチを入れると C_2 にはいくらの電気量が蓄えられるか。

35 **　C_1, C_2 はすでに 20 V で充電され，C_3 は未充電である。まずスイッチを a に入れ，次に b に切り替えたとき，C_1 の極板 A 上の電荷を求めよ。

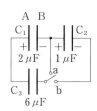

◆　**コンデンサーの充電と放電**

（Ⅰ）コンデンサーの充電過程

　スイッチを入れると，電子の移動が始まる。すなわち電流が流れ始める。次章の直流回路の知識を用いて充電が終わるまでを調べてみよう。<u>電池は電位差 V を維持する装置，電流は正の電気の移動と考えてよい。</u>

　まず，スイッチを入れた直後から見てみよう（図 a）。電流 I_0 が流れるが，コンデンサーの電気量は 0 のままといってよい。電流と時間の積がコンデンサーの電気量 Δq になるが，直後では時間が 0 だからだ（$\Delta q = I_0 \Delta t$ で $\Delta t = 0$）。すると電位差も 0 で，電池の負極から抵抗の右端まで等電位である。赤と灰色はそれぞれ等電位の部分を表している。図 a のように電池の電圧 V は抵抗 R にかかっている。オームの法則より　$I_0 = V/R$

　以上を単純化すると，直後のコンデンサーは等電位だから 1 本の "導線" に置き替えて考えるとよい。

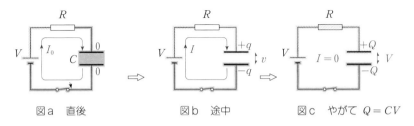

図 a　直後　　　　　図 b　途中　　　　図 c　やがて $Q = CV$

　図 b はコンデンサーがある程度充電され，電圧 v になった段階だ。電気量は $q = Cv$（この式は時々刻々成り立っている）。このとき，R にかかる電圧は $V - v$ で，電流 I は　$I = (V - v)/R$

　q，v は増していくので I は小さくなり，やがて $I = 0$ となって充電が終わる。電流が流れていない抵抗は電位降下を起こさず等電位であり（p 77），コンデンサーの電圧は電池のそれに等しくなっている（図 c）。q，v，I の時間変化の様子は次図のようになる。

ちょっと一言　充電が終わって電流が 0 になると，このように抵抗は等電位となるので，前節までの回路では抵抗を省き，等電位の部分を分かりやすく表してきた。

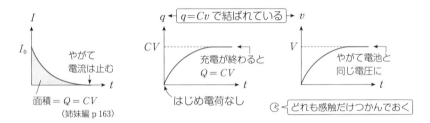

面積 ＝ $Q = CV$
（姉妹編 p 163）

$q = Cv$ で結ばれている

はじめ電荷なし

充電が終わると $Q = CV$

やがて電池と同じ電圧に

どれも感触だけつかんでおく

（II）コンデンサーの放電過程

　電圧 V で充電されたコンデンサーに抵抗 R をつなぎスイッチを入れると，コンデンサーは電流を流し始める。＋，－ が中和していくので，電気量，電圧そして電流がともに減少し，やがて 0 となる。

　この間コンデンサーは抵抗に自身の電圧 v をそのままかけるので，電流 I は $I=v/R$ で決まる。スイッチON 直後は $I_0=V/R$。つまりコンデンサーは"電池"と同じ役割をしている。＋ 極板を電池の ＋ 極に対応させればよい。ただ，この"電池"，電流を流すとすぐにへたばっていく。

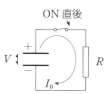

　コンデンサーの静電エネルギーは放電により抵抗でジュール熱に変わっていく。

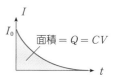

（III）コンデンサーの役割

　スイッチを入れた直後など，ある瞬間での電流値はキルヒホッフの法則により求められる。次のように扱うと分かりやすい。

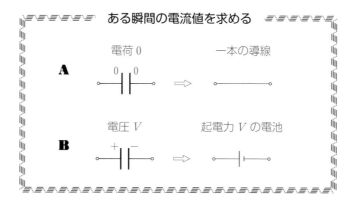

36　スイッチをaに入れた直後の電流 I_0 はいくらか。そして十分に時間がたった後，b に切り替える。この直後の電流 I_1 はいくらか。最終までに $3R$ の抵抗を通る電気量はいくらか。

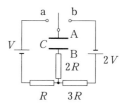

◆ エネルギー保存則

電気量 Q，電圧 V をもつ電気容量 C のコンデンサーは静電エネルギーを蓄えている。もともと，コンデンサーの用途の1つはエネルギーを蓄える装置というところにある。

$$静電エネルギー \quad \frac{1}{2}CV^2 = \frac{1}{2}QV = \frac{Q^2}{2C}$$

ジュール熱を求める

1 電池のした仕事を調べる。

（電池のした仕事 W）＝（通過電気量 Q）×（起電力 V）

2 静電エネルギーの変化 ΔU を調べる。

3 エネルギー保存則を考える。$W = \Delta U +$（ジュール熱 H）

解説

ジュール熱というと，RI^2 の公式を思い出す。ただコンデンサー回路では使えない。電流 I は変わっていくし，充・放電の時間も分からないからだ。そこでエネルギー保存則で考えることになる。

電池は電気量を通すことによってエネルギーを供給する。分かりやすさのために，電子でなく正電気 $+Q$ の流れで考えてみよう。負極の電位を 0 とすると正極の電位は $+V$。$+Q$ が電池を通るとその位置エネルギーは 0 から QV に増える。この供給エネルギー QV を電池のした仕事とよんでいる。その分電池は化学的エネルギーを減らす。

電位 $+V$

電位 0

Q ⊕

矢印の向きは
電流の向きでもある

High　電池に電流が逆流するときは回路からエネルギーが失われ，電池が充電されたり，電池内部で熱に変わる。

エネルギー保存則を考えるときの要点は2つ。まず，関係するすべてのエネルギーを扱うこと。次に，分かりやすい形で表記することだ。**3**では，電池が回路に供給してくれたエネルギーがどう使われたかという観点で式にしている。<u>1つ1つの項は正と思って式を組み立てるとよい。</u>

　コンデンサーの極板間に金属や誘電体を出し入れすると，外力(手の力)が仕事をする。そんなケースでは，❸は次のようにアレンジし直す必要がある。

$$W + (外力の仕事) = \Delta U + (ジュール熱 H)$$

　左辺は供給分を，右辺は行き先を表している。❸の式もこの式も覚えるよりはその場の状況に合わせて立てられると理想的だ。

EX 1　電気容量 C〔F〕のコンデンサーを起電力 V〔V〕の電池で充電するとき，抵抗で生じるジュール熱を求めよ。

解　充電が終わるまでに電池は $Q = CV$ の電気量を通す。電池のした仕事は
$$W = QV = CV^2$$　このエネルギーはコンデンサーの静電エネルギー $\frac{1}{2}CV^2$ とジュール熱 H に使われる。

$$CV^2 = \frac{1}{2}CV^2 + H \qquad \therefore \quad H = \frac{1}{2}CV^2 〔J〕$$

37　電圧 V で充電された電気容量 C のコンデンサーに電圧 $3V$ の電池をつなぎ，スイッチを入れる。抵抗で発生する熱量 H を求めよ。

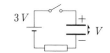

38 *　容量 C_1 のコンデンサーは電圧 V で充電され，容量 C_2 の方は電荷を蓄えていない。スイッチを入れ，十分時間がたつまでに発生するジュール熱 H はいくらか。

EX 2　起電力 V の電池につながれた電気容量 C のコンデンサーの極板間に，極板間隔の $\frac{1}{4}$ の厚みをもつ金属板をゆっくりと完全に挿入する。この間に外力のする仕事 W_1 はいくらか。スイッチは閉じられたままである。

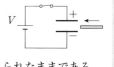

解　極板間隔が $\frac{3}{4}$ になったのと同等で，容量は間隔に反比例するから，$\frac{4}{3}C$ になる。挿入の間に電池を通る電気量は　$\frac{4}{3}C \cdot V - CV = \frac{1}{3}CV$

（電池の仕事）＋（外力の仕事）＝（静電エネルギーの変化）より

$$\frac{1}{3}CV\cdot V + W_1 = \frac{1}{2}\cdot\frac{4}{3}C\cdot V^2 - \frac{1}{2}CV^2 \qquad \therefore \quad W_1 = -\frac{1}{6}CV^2$$

　　実は金属板は極板から引力を受けているので，
ゆっくり入れるには外力を右向きに加えている必要
がある。そのため外力の仕事が負になる。誘電体を
入れる場合も同様だ。ただ，保存則を立てるときに
は，外力の仕事は正で，エネルギーが回路に供給さ
れたと思っていた方が分かりやすい。

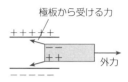

極板から受ける力

外力

　　紛（まぎ）らわしさを避けるため回路の抵抗をカットしたが，抵抗が入っていても，
"ゆっくりと"挿入するときは電流が無視でき，ジュール熱も無視できる。

39* EX 2で，続いてスイッチを切り，挿入した金属板をゆっくり引き抜くのに
要する仕事 W_2 はいくらか。

Q&A

Q　EX 1で回路に抵抗を入れないときはどうなるんですか。電池のした仕事が
QV で，たまった静電エネルギーが $\frac{1}{2}QV$ 　くい違ってしまいますよ。

A　どんな導線でも現実にはわずかな抵抗をもっている。抵抗が小さいと流れる
電流が大きいから，やはりジュール熱はちゃんと $\frac{1}{2}QV$ 発生しているんだ。

Q　でも，超伝導（ちょうでんどう）とかいって，本当に抵抗を0にもできるって聞きましたよ。

A　ウーン……そうくると思ったよ。たしかにその場合は熱にはならないね。た
だ，急激に大きな電流が流れるから，回路が1つのコイルの役割をして，コン
デンサーとの間で電気振動という現象（p 122）が起こる。すると電磁波として
$\frac{1}{2}QV$ は出ていってしまうんだ。もっとも，超伝導が起こるような低温では電
池がイカれているだろうけどね。

Q　なるほど。ドンブリに入っている水をコップ
に移すようなものなんだ。コップの容積がドン
ブリの半分しかないから，残りはいやが応でも
あふれてしまうというわけですね。

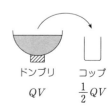

ドンブリ
QV

コップ
$\frac{1}{2}QV$

A　うん。ザバッとあけるからね。でもね，しず
しずと水をそそいでいったらあふれないですむよ。

ドンブリの水もむだ使いしなくてすむし。

Ⓠ　何のことですか？

Ⓐ　電池は一定電圧で充電しようとするから，電流がワッと流れ，エネルギーが
あふれてしまうんだ。可変電源で電圧を 0 から V までゆっくり上げていくと電
流は実質 0 で充電できる。あふれはないわけだ。

　このとき電源のする仕事は，平均の電圧が $\dfrac{0+V}{2}$ だから，$Q \times \dfrac{V}{2} = \dfrac{1}{2}QV$
それがすべて静電エネルギーになる。

Ⓠ　うまいですね。……アッ，静電エネルギーが $\dfrac{1}{2}QV$ と表されることの説明に
もなってる！

◈ 極板間の引力

コンデンサーの極板は一方が ＋ に，他方が － に帯電しているから互いに引力を及ぼし合っている。

> **EX** 電気容量 C，極板間隔 d のコンデンサーに電気量 Q が蓄えられている。極板 B を固定し，A に外力を加えて $\varDelta d$ だけ静かに引き離す。このとき外力のした仕事は静電エネルギーの変化をもたらす。このことを利用して極板間の引力 F を求めよ。

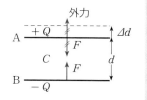

解 **Miss** $F = \dfrac{kQ^2}{d^2}$ ……クーロンの法則は点電荷に対するものだったことを忘れている！

引き離したときの容量は $C' = \dfrac{\varepsilon S}{d + \varDelta d} = \dfrac{d}{d + \varDelta d} \cdot \dfrac{\varepsilon S}{d} = \dfrac{d}{d + \varDelta d} C$ ← はさみ込みのテクニック

あるいは，間隔を $\dfrac{d + \varDelta d}{d}$ 倍にしたから，容量はその逆数倍になると判断してもよい(容量は間隔に反比例)。静電エネルギーの変化 $\varDelta U$ は，

$$\varDelta U = \frac{Q^2}{2C'} - \frac{Q^2}{2C} = \frac{Q^2}{2C}\left(\frac{d + \varDelta d}{d} - 1\right) = \frac{Q^2 \varDelta d}{2Cd}$$

静かに引き離すときの外力の大きさは F に等しいから，外力の仕事は $F\varDelta d$

$$F\varDelta d = \varDelta U \quad \text{より} \quad F = \frac{Q^2}{2Cd}$$

Q&A

Q F に $C = \dfrac{\varepsilon S}{d}$ を代入すると $F = \dfrac{Q^2}{2\varepsilon S}$ さらに p 51 の式① $E = \dfrac{Q}{\varepsilon S}$ を用いると，$F = \dfrac{1}{2}QE$ となるんですが，電場が E で電荷が Q なら，$F = QE$ となるはずでは………？

A $\dfrac{1}{2}$ のミステリーか。いい所に気がついたね。確かに電場 E の中に正電荷 Q をもってくれば，QE の力を受ける。考えてみるとこの力は 2 つの原因による。

1つは A の $+Q$ から押される力，もう1つは B の $-Q$ から引かれる力だね。

でも A にとっては B から引かれる力しか受けていない。だから極板が受ける力は QE の半分というわけだ。

Ⓠ　なーるほど。でも少し粗っぽくないですか。

Ⓐ　では本格的にいこうか。簡単のために A の $+Q$ から4本の電気力線が出ているとしよう（図a）。

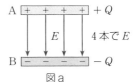

図a

A 上の $+Q$ だけに注目すれば（B が存在しなければ），電気力線を上下に2本ずつ出すはずだ。同じく B 上の $-Q$ には上下から2本ずつが入ってくる（図b）。実現される電場はこれらを重ね合わせたものだ。A の上や B の下では打ち消し合って0となり，図aに戻れる。

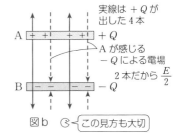

図b　この見方も大切

さて，A が B から受ける力は B がつくる電場によるものだ。自分がつくった電場は関係ないからね。つまり，図bで A を貫く下向きの2本の電気力線から力を受ける。もともと4本で E だから2本では $\frac{E}{2}$。

A が受ける力は　$F=Q\cdot\frac{E}{2}=\frac{1}{2}QE$　これなら文句ないね。

 トク　極板間引力は　$F=\frac{1}{2}QE$

Q 一定なら，E 一定だから F も一定　つまり　F は極板間隔によらず一定。

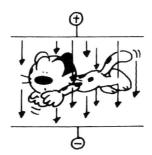

III　直流回路

◆　オームの法則

　抵抗 R〔Ω〕に電圧 V〔V〕をかけるとき流れる電流 I〔A〕の間の関係を示すのが，オームの法則　$V=RI$　だ。以下はその根拠までさかのぼってみようという話である。

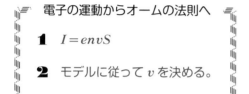

電子の運動からオームの法則へ

1　$I=envS$

2　モデルに従って v を決める。

図1

抵抗体

【解説】

　電流 I〔A〕は，導体のある断面を微小時間 $\varDelta t$〔s〕の間に通る電気量が $\varDelta Q$〔C〕のとき，$I=\varDelta Q/\varDelta t$。〔C/s〕＝〔A〕である。**1 s 間に通る電気量のこと**といってもよい。

　導体中の自由電子(電荷 $-e$〔C〕)の個数密度(1 m³ 中の個数)を n〔1/m³〕とし，これらが速さ v〔m/s〕で移動していると，ある断面(断面積 S〔m²〕)を 1 s 間に通った電子は v〔m〕先までの範囲にいるから，その数は $n\times(Sv)$
よって電流は　$I=e\times n(Sv)$　……①

　さて，長さ l〔m〕の導体に電圧 V〔V〕をかけると，導体中に一様な電場 E が生じ，$E=V/l$　電子はこの電場から力を受けて加速されるが，同時に陽イオンからの抵抗力を受け，電子全体を平均してみると一定の速さ v で移動し，電流 I を形成する。

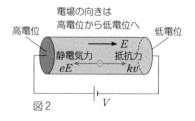

電場の向きは
高電位から低電位へ

図2

　電子が受ける抵抗力は，速さ v に比例し kv（k は比例定数）で表されるとする(モデル化)。「等速度は力のつり合い」より

$$kv=eE \quad \therefore \quad v=\frac{eE}{k}=\frac{eV}{kl} \quad ……②$$

①，②より　　　$I = enS \times \dfrac{eV}{kl}$　　　∴　　$V = \dfrac{kl}{e^2 nS} I(=RI)$

　V と I が比例することになり，まさにオームの法則が導かれたことになる。

　副産物として，抵抗 R は $R = \rho \dfrac{l}{S}$ と表されることも分かる。$\rho\left(=\dfrac{k}{e^2 n}\right)$ は

抵抗率とよばれ，導体の材質で決まる。$\dfrac{l}{S}$ は形状による部分で，<u>抵抗値は長さ</u>

<u>に比例し，断面積に反比例する</u>。

　<u>ちょっと一言</u>　電子の速度の向きと電流の向きは逆。これは電子が見つかってい

　　　　　　　　ない時代に電流の向きを決めてしまったため。ただ，<u>電流の向き</u>

　　　　　　　　<u>に正の電荷が流れているとみなした方が何かと考えやすい</u>。

40*　別のモデルで考える。前図1で電子は静電気力

　　　だけを受けて加速され，時間 t_0 ごとに陽イオンに

　　　衝突して止まり，また加速され……とくりかえす。

　　　このときの平均の速さを v として用い，オームの

　　　法則を導き，抵抗率を求め，e, m, n, t_0 で表せ。

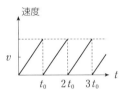

41　　断面積 2 mm² の銅線に 3 A の電流が流れているとき，自由電子の平均の移

　　　動の速さはいくらか。銅の中の自由電子の個数密度を 9×10^{28} 個/m³，電子の

　　　電荷を -1.6×10^{-19} C とする。

◆　直列と並列

　直列，並列の特徴と合成抵抗 R のまとめをしておこう。

直列は電流が共通で　$R = R_1 + R_2 + \cdots$

並列は電圧が共通で　$\dfrac{1}{R} = \dfrac{1}{R_1} + \dfrac{1}{R_2} + \cdots$

　知っておくとトク　直列で各抵抗にかかる電圧は抵抗の比になる。

　　　　　　　　$R_1 I : R_2 I : \cdots = R_1 : R_2 : \cdots$

　　　　消費電力（ジュール熱）RI^2 も同様。

並列で各抵抗を流れる電流は抵抗の逆比になる。抵抗値の小さなものほど大きな電流を通す。

$$I_1 : I_2 : \cdots = \frac{V}{R_1} : \frac{V}{R_2} : \cdots = \frac{1}{R_1} : \frac{1}{R_2} : \cdots$$

とくに，2つの場合は $I_1 : I_2 = R_2 : R_1$（逆比）

回路図はできる限り直列，並列に直してみる。コツは導線部をゴムひものように伸び縮みさせて形を変えてみることだ。

42   合成抵抗Rおよびab間を流れる電流を求めよ。

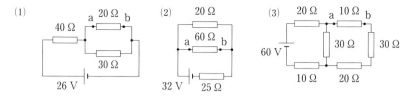

◆　電位降下と等電位の判定

オームの法則は抵抗Rに電圧Vをかけたとき流れる電流Iを求めるというのが中学以来の使い方だが，少し見方を変えてみよう。ある抵抗Rに電流Iが流れているとき，**電流は抵抗を高電位側から低電位側へ流れ，両端の電位差は$V=RI$で与えられる**という見方もできる。このVを**電位降下**という（慣用的に**電圧降下**ともよばれる）。

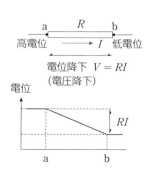

抵抗全体が等電位になることがある。その条件を調べておこう。$V=0$になればよいから，$R=0$または$I=0$の場合が該当する。

$$\boxed{\text{等電位の条件} \iff R=0 \quad \text{または} \quad I=0}$$

$R=0$は導線（回路図の直線部）に対応し，そこは電流が流れているかどうかに関わりなくいつも等電位。次の$I=0$が直流回路問題のキーポイントになることが多い。

電流が流れていない抵抗は等電位

ちょっと一言　電流が流れていない状態とは静電気のことだし，抵抗といえども金属だから p 46 で学んだ "導体は等電位" にほかならない。

ショート(短絡)　抵抗の両端を導線でつなぐと，その抵抗はバカになる。つまり，まったく電流が流れなくなる。分かりやすくいえば，電流は流れやすい

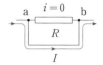

導線部を通るということだ。もう少し詳しくいうと，ab 間の導線部は等電位だから R には電圧がかからない。$V = Ri$ の V が 0 だから i も 0。

43　起電力 V_1，V_2 の電池と抵抗値 R_1，R_2，R_3 の抵抗からなる回路がある。a，b，c，d 各点の電位はいくらか。

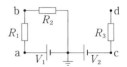

```
┌───────────────────────────────────┐
│   ある抵抗に電流が流れなくなったときは   │
│                                   │
│  1  どこをどんな電流が流れているかを押さえる。   │
│                                   │
│  2  抵抗が等電位になっていることから電圧の等しい部分に   │
│     目をつける。                    │
└───────────────────────────────────┘
```

解説

　直流回路の問題でよく登場するのがこのケースだ。電流計や検流計の指針が 0 になったというのも同じこと。右の例でみてみよう。

　可変抵抗 R_4 を変えていき，検流計 G の指針が 0 になったとする。まず，ab 間の電流を I とおくと，bc 間には流れていないから，bd 間も I とおける。同様に ac 間と cd 間を流れる電流は等しいので I' とおく。次に，bc 間が等電位になっていることに注目すると，ab 間の電位降下は ac 間の電位降下に等しいから

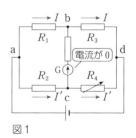

図1

$$R_1 I = R_2 I' \quad \cdots\cdots ①$$

同様に，bd 間と cd 間の電位降下が等しく

$$R_3 I = R_4 I' \quad \cdots\cdots ②$$

$\dfrac{①}{②}$ より $\qquad \dfrac{R_1}{R_3} = \dfrac{R_2}{R_4} \quad \therefore \quad \dfrac{R_1}{R_2} = \dfrac{R_3}{R_4}$

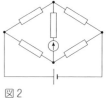

これは，実はホイートストン・ブリッジの公式。
図1を図2のようにすると見慣れた形になる。公式よ
りも導き方に注目してほしい。そこに直流回路のすべ
てが現れている。

図2

知っておくとトク　公式を上の形のまま覚えようとする
のはオ・ロ・カというもの。番号がどの
ように付けられるか分からないからだ。
図的に覚えるとよい。

分数の記号と等号を
間に入れるとできあがり

ちょっと一言　bc 間の抵抗と G をはずして考え始める手もある。すると，R_1
と R_3 が直列に，R_2 と R_4 も直列になる。そして b と c が等電位になれば，
抵抗と G をつないでも，電圧がかからず G に電流は流れない。それには，
$R_1 : R_3 = R_2 : R_4$ であればよい(直列では電圧比は抵抗比に等しいから)。
一般に，電位の等しい2点をつないでも何も起こらない。

EX　AB は一様な抵抗線である。接点 C を移動し，
スイッチを入れて検流計 G の指針がふれなく
なる位置を探す。起電力 E_0 の標準電池につな
ぐと，AC$=l_0$ となり，次に起電力 E が未知の
電池につなぐと AC$=l$ となった。E を求めよ。
いずれの電池にも内部抵抗がある。

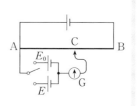

解　G の電流が0なので E_0 や E にも電流が流れず，
AB には上半分の回路で決まる電流 I が流れている。
内部抵抗は電池の外に出しておくと見やすいが，電
流0より等電位になっている。電池の正極は A と
等電位，負極は C と等電位だから，電池の起電力
は AC 間の電位降下に等しい。AB の単位長さ当た
りの抵抗値を r とおくと

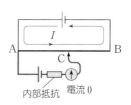

内部抵抗　電流0

$$E_0 = r l_0 \cdot I \qquad E = r l \cdot I \qquad \therefore \quad E = \dfrac{l}{l_0} E_0$$

ちょっと一言 電池の起電力は電圧計を当てれば測れそうに思えるが，そうするとわずかながら電流が流れ，内部抵抗による電位降下分だけ小さく出てしまう（端子電圧という）。

EX の装置（電位差計）は内部抵抗の影響をまったく受けていないことに注目してほしい。

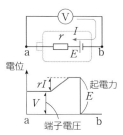

Q&A

Q 電位差計で，下の電池 E_0 があるのに，電流が流れないのが変に思えてしかたないんです。

A 電池があればいつも電流を流すと思ってるんだね。そうとは限らないんだ。簡単な例が右のケース。2つは同じ電圧の電池だから，スイッチを入れても電流が流れないでしょ。

Q とはいえ…，電位差計で説明してもらえませんか。

A まず，スライド接点を切り離しておこう（右図）。当然 E_0 には電流が流れていない。そして，AC 間の電位降下が E_0 に等しい点 C を探す。C と G は A より E_0 だけ電位が低く，等電位だね。さあ，C と G を結んでみよう。何が起こる？

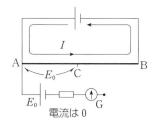

Q 「等電位の2点を結んでも何も起こらない」というやつですね。結局，E_0 の電池には電流が流れないままなんだ。……すると，そんな点 C は AB 上で1点しかないんですね。

A その通り。しかも AB 間の電圧は E_0 より大きくないといけないことも分かるでしょ。

44* 内部抵抗をもつ電池に可変抵抗
器を付け抵抗値を変えながら電流 I
と電圧 V を測った。電池の起電力
E と内部抵抗 r を求めよ。電流計
A と電圧計 V は理想的とする。

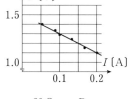

45 図の回路で可変抵抗 R を変えていく と検流
計の指針が 0 を示した。このときの R の抵抗
値はいくらか。

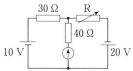

◆ キルヒホッフの法則

```
複雑な回路を解く

1 電流の配置を適当に決める。……水の流れるが如く

2 いくつかの閉回路について （起電力の和）＝（電位降下の和）
   を必要なだけつくる。

3 連立方程式を解く。
```

解説

　直列や並列で扱えない複雑な回路になるとオームの法則では対処しきれない。いよいよそれを拡張したキルヒホッフの法則の出番だ。

**　回路の任意の1点に流れ込む電流の和と流れ出る電流の和は等しい（キルヒホッフの第1法則）。**

　回路は「水路」に，電流は「水の流れ」にたとえられるが，第1法則が言っていることは，電流のわき出しやしみ込みはないということ。たとえ電池であっても電流の泉ではないから，右上図のように前後の電流値 I_1 に変わりはない。

　複雑な回路を解くときは，まず回路の各部分を流れる電流を向きまで含めて適当に仮定する。未

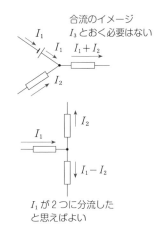

合流のイメージ
I_3 とおく必要はない

I_1 が2つに分流した
と思えばよい

知数はなるべく少なくしたいので，たとえば前図のようにする。要は“水の流れ
るが如く”という気持ちが大切で，小・中学生が見てもウンとうなずいてくれる
ように分かりやすく置くことだ。

　次に，閉回路を一周し，(起電力の和)＝(電位降下の和)という式をつくる。こ
れこそオームの法則の拡張だ(**キルヒホッフの第2法則**)。**1**で使った未知数 I_1，
I_2，……の数だけ式をつくらないと解けない。そこで回路の新たな部分を必ず含
むように閉回路を増やしていく。

　ここまで準備ができればあとは数学の問題。連立方程式を解いて電流が求まる。
もし答えがマイナスになれば，はじめの設定の向きと逆向きに流れていることを
意味している。解き直す必要はない。だから**1**は適当にやればいいんだ。

　一周する向きは時計回りでもその
逆でもいいが，電池が電流を流そう
とする向き(起電力の向きという)に
回るとよい。しかし，一周していく
と右のような状況に出合うこともあ
る。これら逆行のケースはマイナス
で扱う。

図a　一周する向き　　図b

電位降下＝$-RI$　　　起電力＝$-V$

R で電位が下がるはず
が上がってしまうので

電池で電位が上がる
はずが下がってしま
うので

High　第1法則は電気量保存則と関連している。回路のどの点でも，1 s 間に
　　　　入ってくる電気量と出ていく電気量が等しく，電荷がたまっていくこと
　　　　はないという内容だ。

Q&A

Q　**オームの法則を $V＝RI$ としていますが，$I＝\dfrac{V}{R}$ で習っています。使用し
ている教科書では両方とも書かれていますが，$I＝\dfrac{V}{R}$ が先に書いてあります。**

A　キルヒホッフの法則への発展を考えたとき，**$V＝RI$** が優る。閉回路に対し
て，**(起電力の和)＝(電位降下 RI の和)** が成り立つというのが，キルヒホッフ
の第2法則だね。オームの法則を含んでいるよ。

　さらに，$I＝V/R$ だと $R＝0$ のとき困る。$V＝RI$ には，抵抗 R に電流 I が
流れるときの電位降下を表すという役割もある。抵抗のない導線では，電位降
下は起こらないという確認にも $R＝0$ を含めたい。$V＝RI$ だけを書いている
教科書もあるよ。

　割り算型より掛け算型の方が覚えやすく，間違えにくいことも利点。割り算型では，分母と分子を逆にする可能性が出てくる。それは，一様電場の公式 $V=Ed$ が $E=V/d$ より優れている理由の一つにもなっている。

　掛け算型でも，$V=IR$ とはしたくない。この表記を時々見かけるけど，数学で $y=ax$ と書くように，定数は前に出したい。R が定数で，I が変数（ふつうは）。何が定数で，何が変数かの認識はとても大切だね。

　$I=V/R$ という表記にも利点はある。「電流は電圧に比例し，抵抗に反比例する」という認識が必要なこともあるからね。

Q　キルヒホッフの法則ですが，なぜ（起電力の和）＝（電位降下の和）という関係が成りたつのですか。一周する間の電流がバラバラで，オームの法則からかけ離れているとしか思えません。

A　電位に注目してほしい。回路上の各点はそれぞれの電位の値をもっている。そこで，ある点から閉回路に沿って電位の上がり下がりを調べていき，やがて出発点に戻ると，電位も元の値に戻っている。

　途中上がった分の合計が左辺，下がった分の合計が右辺で，両者が等しいことは元の電位に戻ったことを意味している。一周すれば元の電位——これこそキルヒホッフの精神だ。だから一周するのは "電流" ではなく "人" なんだ。人が電位を調べて回るんだ。

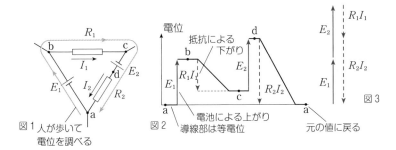

図1 人が歩いて電位を調べる　図2　導線部は等電位　元の値に戻る　図3

　回路の一部が図1のようになっていたとしよう。a から時計回りに電位を調べていくと，図2のようになる。一周して元の値に戻るためには？……

　矢印を図3のように並べ変えてみるとよい。これを式にすれば $E_1+E_2=R_1I_1+R_2I_2$ だ。逆行のケースはなぜマイナスで扱うかも見えてきたと思う。前ページの図aは抵抗を通ったとき電位が降下でなく，上がってしまうためだ。

上がったのだから左辺に置いてもいいのだけど，抵抗の分はすべて右辺にというわけでマイナス付きで現れることになる。図bも同じことだね。

「水路」のたとえでは，電池は「ポンプ」。ここで位置エネルギーを増やす。抵抗は「摩擦のある斜面」で，それを熱に変えていく。

EX 3Ωを流れる電流はいくらか。

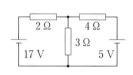

解 右のように電流を仮定する。Aの一周について

$$17 = 2I_1 + 3(I_1 + I_2) \quad \cdots\cdots①$$

Bの一周について

$$5 = 4I_2 + 3(I_1 + I_2) \quad \cdots\cdots②$$

①，②より $I_1 = 4$, $I_2 = -1$ ∴ $I_1 + I_2 = \mathbf{3A}$

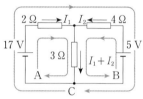

I_2 は負だから，実は右に1Aが流れていることが分かる。

Cのように一周すると $17-5 = 2I_1 - 4I_2$ さらに式を得たように思えるが，実はこの式は①−②と同じものに過ぎない。つまり，新たな部分を通らないと新しい内容をもつ式は出てこないことに注意。

Miss Aについて $17 = (2+3)I_1$ より $I_1 = 17/5$

Bについて $5 = (4+3)I_2$ より $I_2 = 5/7$

∴ $I_1 + I_2 = 144/35$ ⁉ こんな風に解の重ね合わせ（？）はできないんだ。①，②式との違いを見てほしい。

46* 接地点を0Vとして点Aの電位を求めよ。

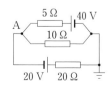

対称性のある回路

抵抗が対称的に配置されていると，未知数の数はかなり節約できる。

EX 抵抗値 r の抵抗線を図のように 8 本つなぎ，起電力 V の電池を接続した。ac 間の電流と回路の全抵抗 R を求めよ。

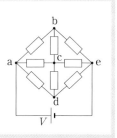

解 対称性より図のように I_1, I_2, I_3 ですむ。

閉回路 $VabeV$ について

$$V = rI_2 + r(I_2 + I_3) \quad \cdots\cdots ①$$

a → b と a → c → b について

$$rI_2 = rI_1 + rI_3 \quad \cdots\cdots ②$$

c → b → e と c → e について

$$rI_3 + r(I_2 + I_3) = r(I_1 - 2I_3) \quad \cdots\cdots ③$$

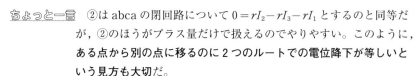

①，②，③より $\quad I_1 = I_2 = \dfrac{V}{2r}$, $I_3 = 0$

全電流 I は $\quad I = I_1 + 2I_2 = \dfrac{3V}{2r}$ だから， $\quad R = \dfrac{V}{I} = \dfrac{2}{3}r$

> **ちょっと一言** ②は abca の閉回路について $0 = rI_2 - rI_3 - rI_1$ とするのと同等だが，②のほうがプラス量だけで扱えるのでやりやすい。このように，**ある点から別の点に移るのに 2 つのルートでの電位降下が等しいという見方も大切**だ。

(別解) bc 間と cd 間の抵抗がなかったとしよう。点 b，c，d は等電位(点 a と e の中央値)となる。すると，bc と cd 間に抵抗を入れても電流は流れない。つまりこれらははずして考えてよく，右の回路より $I_1 = V/2r$ は即断できるし，全抵抗は $2r$ の 3 つの並列として求められる。

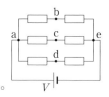

知っておくとトク 対称軸(対称面)があると，軸上(面上)にある抵抗ははずしても同じこと。この回路では bcd が対称軸だ。

47 ** 立方体の各辺は r の抵抗からできている。次の場合の全抵抗を求めよ。
　(1) a，b を端子とする場合
　(2) a，c を端子とする場合

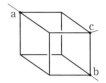

◆ 電流計と電圧計

電流計Ⓐは直列に，電圧計Ⓥは並列に入れる——これは測定の常識。

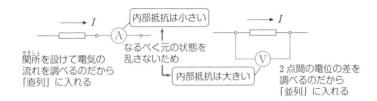

 問題文に断りがないときはⒶ，Ⓥは理想的なもの(Ⓐなら内部抵抗 0，Ⓥなら無限大)と思ってよい。

内部抵抗 r があるときは，回路図で左のように外に出しておくと考えやすい。計器は 1 つの抵抗体なのだ。

48 * 内部抵抗のない 32 V の電池，350 Ω の抵抗，内部抵抗 10 kΩ の電圧計Ⓥ，それに電流計Ⓐからなる回路がある。Ⓥは 30 V を，Ⓐは 5 mA を示した。R の抵抗値はいくらか。また，Ⓐの内部抵抗はいくらか。

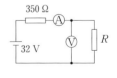

49 * 抵抗 R に流れる電流とかかる電圧を調べるのに，内部抵抗 r_A の電流計Ⓐと内部抵抗 r_V の電圧計Ⓥを用いた。図ａ，ｂの 2 通りの接続法がある。○の中に A，V を書き入れよ。計器の表示値 I，V から求めた V/I を抵抗の測定値 R' とする。各図での R' を，真の抵抗値 R，r_A，r_V で表せ。

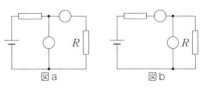

図ａ　　図ｂ

電流計の測定範囲を広げるには …… 次図aのようにバイパスを設けて電流を逃がしてやればよい。最大電流 I_0 の n 倍まで測りたいなら余分な $(n-1)I_0$ を逃がす。そのためには $rI_0 = R \cdot (n-1)I_0$ から決まる $R = \dfrac{r}{n-1}$ を付ける。使用時には，電流値は表示値の n 倍と判断する。

電圧計の測定範囲を広げるには …… 図bのように抵抗をつぎ足して電位降下を大きくしてやればよい。n 倍にするには，$V_0 : (n-1)V_0 = r : R$ から決まる $R = (n-1)r$ を加える。使用時には表示値の n 倍とする。

電流計を電圧計に改造するには …… 図cのように大きな抵抗 R を加えて電位降下を大きくしてやればよい。もともと電圧計は電流計からこのようにして作られている。

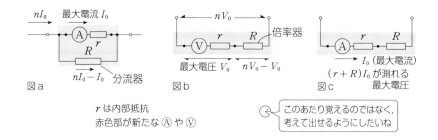

r は内部抵抗
赤色部が新たな Ⓐ や Ⓥ

このあたり覚えるのではなく、
考えて出せるようにしたいね

50 内部抵抗 $2\,\Omega$ で最大 $10\,\mathrm{mA}$ まで測れる電流計を最大 $50\,\mathrm{mA}$ まで測れるようにしたい。何 Ω の抵抗をどのように付ければよいか。また元の電流計を $10\,\mathrm{V}$ まで測れる電圧計にするにはどうすればよいか。

51 内部抵抗 $5\,\mathrm{k}\Omega$ で最大 $10\,\mathrm{V}$ まで測れる電圧計を $100\,\mathrm{V}$ まで測れるようにしたい。何 $\mathrm{k}\Omega$ の抵抗をどのように付ければよいか。

◆ ジュール熱

抵抗に電流が流れると熱(ジュール熱)が発生する。1 s 間当たりの発熱量(消費電力)は

$$RI^2 = \frac{V^2}{R} = VI \ \text{〔W〕}$$

<u>ちょっと一言</u>　t〔s〕間に $q = It$〔C〕の電気量が流れ，qV だけ位置エネルギーを失う。抵抗ではそれが熱になる。$qV = IVt$〔J〕　1 s 当たりは VI で，$V = RI$ で書き換えたのが上の式だ。ジュール熱を求めるときは時間を掛けることを忘れないように。

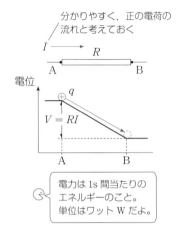

分かりやすく，正の電荷の流れと考えておく

電位

$V = RI$

電力は 1s 間当たりのエネルギーのこと。単位はワット W だよ。

モーターなど機器での消費電力も VI〔W〕で計算できる。この場合は主に力学的エネルギーに使われる。

起電力 V の電池(内部抵抗なし)の供給する電力も VI〔W〕となる。これは p 68 の電池のする仕事 QV と同類で，1 s 間の通過電気量が I〔C〕だから IV となっている(I〔C〕を V〔V〕だけ電位の高い所へ持ち上げている)。

結局，抵抗かどうかに関わらず，また消費か供給かにも関わらず，<u>電力は VI の表記が一般性をもつ</u>。

52　42 (1)の図において，抵抗での消費電力の総和を求めよ。

53*　起電力 E，内部抵抗 r の電池に R の抵抗をつなぐ。抵抗 R での消費電力 P を求めよ。また，P を最大にするには R をいくらにすればよいか。

◆ 電流−電圧特性をもつ素子（電球，ダイオードなど）

電球は 1 つの抵抗体であるが，温度によって抵抗値が大きく変わる。そのため電球にかけた電圧 V と流れる電流 I の関係を表すグラフは直線でなくなる。（R が一定なら $V = RI$ より原点を通る直線となるはず。）

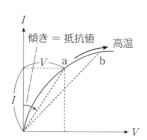

<u>ちょっと一言</u>　図の場合，右上に向かうほど V も I も大きくなり，ジュール熱 VI が増す，つまり，高温となっている。一方，抵抗値は $R = V/I$ より，原点と結んだ線分の I 軸からの傾きに等しい。その傾きは a より b の方が大きい。結局，高温になるにつれ抵抗が増していることが分かる。

<u>温度が高くなると抵抗値が増すのは，陽イオンの熱振動が激しくなり，電子が流れにくくなるためである。</u>0℃ での抵抗率を ρ_0 とすると，t℃ での値は $\rho = \rho_0(1 + \alpha t)$ と表される。α は抵抗率の温度係数とよばれ，金属の種類で決まっている。抵抗値 R に対しては，$R = R_0(1 + \alpha t)$ のように用いてよい（R_0 は 0℃ での抵抗値）。

温度によって抵抗値が大きく変わるものとしては半導体で作られたダイオードもある。電球と異なる点は半導体の場合，温度が上がると電流の担い手である電子（あるいはホール）の数が増すため抵抗値が下がることである。

**　　 特性曲線で解く 　　**

1 1 つの電球の電圧を V，電流を I とおいて，キルヒホッフの法則で V と I の関係式をつくる。

2 与えられた I-V 図に上式をグラフにして描くと交点が求める解となる。

【解説】

　電球にかかる電圧 V と流れる電流 I が未知数だ。その関係が特性曲線で与えられたということは、いわば1つの関係式が与えられたのと同等だ。そこでもう1つ V と I の関係式をキルヒホッフの法則を用いてつくれば連立方程式として解ける。ただし、特性曲線は式に直せないのが普通だから、キルヒホッフの式をグラフにして描き込み、特性曲線との交点を求める。連立方程式をグラフで解く要領だ。電球でなくダイオードなどのこともある。

【EX】　電球の特性が右図のようになっている。次の各図の場合、電池を流れる電流はいくらか。電球はすべて同一のものである。また、電球(全体)での消費電力を求めよ。

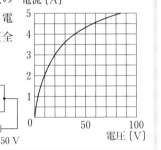

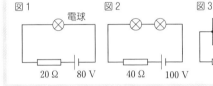

図1　　図2　　図3

電球

$20\,\Omega$　$80\,V$　　$40\,\Omega$　$100\,V$　　$5\,\Omega$　$50\,V$

【解】**図1**　$80=20I+V$ をグラフにし、交点を求めると　$V=20\,V$,　$I=\mathbf{3A}$

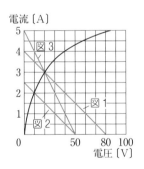

知っtrueとトク　$I=-\dfrac{1}{20}V+4$ と直してからグラフを描く人が多いが、I と V の関係は1次式で直線になることを利用するとよい。

　　つまり、分かりやすい2点を押さえる。$I=0$ で $V=80$、また $V=0$ で $I=4$ の2点を結べばよい。

　電球の消費電力は　$VI=20\times3=\mathbf{60W}$
　このうち一部が光のエネルギーに、残りが熱になる。

図2　**1つの電球にかかる電圧を V、そこを流れる電流を I とおくのがコツ。**直列だから I は共通で、2つの電球には同じ電圧 V がかかる。

$$100=40I+2V$$

交点より　$V=10\,V$,　$I=\mathbf{2A}$

電球2個の消費電力は　$VI \times 2 = 10 \times 2 \times 2 = \mathbf{40W}$

図3　並列だから V が共通で，2つの電球には同じ電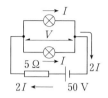
　　流 I が流れる。5Ωには $2I$ が流れることに注意し
　　　　$50 = 5 \times 2I + V$
　　交点より　$V = 20\,V$，　$I = 3A$
　　電池には $2I$ が流れるから　$\mathbf{6A}$
　　電球2個の消費電力は　$VI \times 2 = 20 \times 3 \times 2 = \mathbf{120W}$

High　電球が2種類になるとちょっと手ごわい。要領は，2つ合わせて“1つ
　　　　の電球”と見てしまうことである。つまり，与えられたグラフから“1つ
　　　　の電球”の特性曲線をつくる。

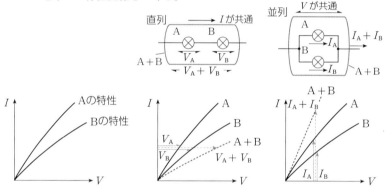

　　　こうして“1つ”にしてしまえば，前の解法に入れる。ただし，いつも
　　　I が縦軸とは限らないから，与えられた図で考えられることが大切。

◆　理想的なダイオードを含む回路

　ダイオードの役目は電流を一方向にのみ流すこと(整流作用)にある。理想
的なダイオードとは，次図でaがbより高電位のときは抵抗0で電流を流し
(ab間は“導線”状態)，反対にaがbより低電位のときは電流を通さない
(“断線”状態)。このように正反対の2つの役割をする。

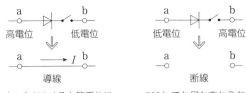

スイッチ ON すると等電位に　　ON しても何も変わらない

スイッチがすでに閉じられているとき，この 2 つのどちらになっているか状況から判断できる場合は問題ない。しかし，難問になるとまったく分からないことがある。そんなときは次のように手探りで進むことになる。**High**のレベル。

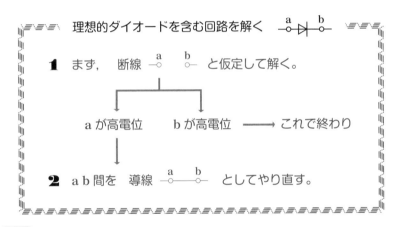

理想的ダイオードを含む回路を解く

1 まず，断線 と仮定して解く。

a が高電位　　b が高電位 ⟶ これで終わり

2 a b 間を 導線 としてやり直す。

解説

　　まず，"断線"状態と仮定して，回路を解き，a，b の電位の高低を調べる。bが高電位と出ればこれで OK。a が高電位と出たら仮定が間違っていたことになるから，改めて"導線"として解き直す。

　　ダイオードはスイッチの役割をしているともいえる。導線は閉じた状態，断線は開いた状態に当たる。

54* 理想的なダイオードをもつ図の回路で，可変抵抗
　　を次の値にしたとき AB 間を流れる電流はいくらか。
　　(1) 0.5 Ω　　(2) 2 Ω

◆   直流回路とコンデンサー

┌─────────── 十分に時間がたったときのコンデンサーを解く ───────────┐

1 コンデンサーは電流を通していない。⇨ 電流配置を決める。

2 等電位の部分を追ってコンデンサーにかかっている電圧と等しい電圧をもつ部分を見つける。

└──┘

解説

　スイッチを閉じて(あるいは開いて)十分に時間がたつと，コンデンサーは充電(あるいは放電)を終わり，電流を通さなくなっている。すると，回路のどの部分をどんな電流が流れているかが決まってしまう。そこで，等電位の条件を頭において電位を追っていく。すると，コンデンサーにかかっている電圧が見えてくる。目を転じるのが要領。

EX 1　　右の回路でコンデンサーに蓄えられている電気量 Q を求めよ。スイッチは閉じられている。

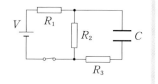

解　コンデンサーが電流を通していないことから R_3 には電流が流れていないことに注目する。すると，電流 I は矢印のように流れているはず。そして，$I = V/(R_1 + R_2)$。　R_3 は等電位になっているから，コンデンサーの電圧 V_C は R_2 による電位降下 $R_2 I$ に等しいことが分かる。

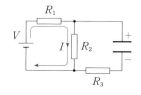

$$V_C = R_2 I = \frac{R_2}{R_1 + R_2} V \qquad \therefore \quad Q = CV_C = \frac{R_2}{R_1 + R_2} CV$$

EX 2　　上の回路で，スイッチを切る。その後十分に時間がたつまでの間に R_2 の抵抗で発生するジュール熱はいくらか。C，Q を用いて表せ。

解 スイッチを切ると電池からの電流は流れなくなる。しかし，充電されたコンデンサーが放電を始め，右図の向きに電流 i を流す。十分時間がたつと，電流は 0 となる。抵抗は等電位になり，コンデンサーの電圧は 0，つまり完全に放電する。

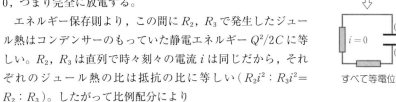

エネルギー保存則より，この間に R_2，R_3 で発生したジュール熱はコンデンサーのもっていた静電エネルギー $Q^2/2C$ に等しい。R_2，R_3 は直列で時々刻々の電流 i は同じだから，それぞれのジュール熱の比は抵抗の比に等しい（$R_2 i^2 : R_3 i^2 = R_2 : R_3$）。したがって比例配分により

$$\frac{R_2}{R_2+R_3} \cdot \frac{Q^2}{2C}$$

55 図1，図2の各コンデンサーの電気量を求めよ。スイッチS_1，S_2は閉じられている。

56* 図2で，スイッチをS_1，S_2の順で切る。十分時間がたった後のC_1の電気量を求めよ。

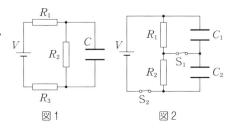

図1　　　　　図2

IV 電流と磁場

◆ 磁場（磁界）

磁石のＮ極とＳ極は引き合い，ＮとＮ，ＳとＳは反発し合う。その力（磁気力）の大きさ F は，磁極の強さを表す磁気量 m_1, m_2〔Wb〕と間の距離 r で決まり，

N　　F　F　　S
$+ m_1$〔Wb〕　　$- m_2$〔Wb〕
r

力が等しいのは作用，反作用だ

$$F = k_{\mathrm{m}} \frac{m_1 m_2}{r^2}$$

k_{m} は比例定数。 $k_{\mathrm{m}} = \dfrac{1}{4\pi\mu}$ と書き換えた μ を**透磁率**という。k_{m} や μ は周りの媒質で決まる。

これを磁気に関するクーロンの法則というが，電気のクーロンの法則とそっくりだ。そこでＮ極の磁気量を ＋ で，Ｓ極の磁気量を － で表し，磁気の理論は電気の理論と平行して進める。

まず，電場（電界）$\vec{E}$ に対して**磁場（磁界）$\vec{H}$** を「＋1Wb のＮ極が受ける力」として決める。すると，磁場 $\vec{H}$ の所に m〔Wb〕の磁極をもってくると，$\vec{F} = m\vec{H}$ の力を受けることになる。<u>Ｎ極は $\vec{H}$ の向きに力を受け，Ｓ極は $\vec{H}$ と逆向きの力を受ける。</u>　$\vec{F} = m\vec{H}$ は $\vec{F} = q\vec{E}$ に対応する。

次に，電気力線に対して**磁力線**を導入する。その特徴は電気力線と同様で，

① 接線の向きが磁場の向き。　　② Ｎ極から出てＳ極に入る。
③ 密集している所ほど磁場が強い。　　④ 交差や分岐をしない。

p 35 の図１はＳ極（－）とＮ極（＋）を向かい合わせたときの磁力線の様子でもあり，図２はＮ極２つの場合に相当している。

High 電気力線や磁力線の１本１本は伸びたゴムひものように縮もうとし，また，隣どうしの線は反発して押し合う性質をもつ。p 35 の図１では ＋，－ が引き合い，図２では ＋，＋ が押し合うことが理解できる。

◆ 電流がつくる磁場

電流が流れていれば，「あっ，磁場ができているな。」とすぐひらめくようになりたい。次の3つのケースについて，磁場 $\vec{H}$ の強さだけでなく，向きも決められること。磁力線の様子もつかんでおきたい。

直線電流	円形電流	ソレノイド
$H = \dfrac{I}{2\pi r}$	$H = \dfrac{I}{2r}$	$H = nI$
（十分長い導線）	（円の中心での値）	（内部は一様磁場）
磁力線 このrは変数	半径（定数）	単位長さ当たりの巻数 n

ちょっと一言　向きの決め方は直線電流についての右ねじの法則1つを覚えればすむ。円形電流やソレノイドは微小部分の直線電流がつくる磁場を重ね合わせたもので，1箇所取り出して右ねじを回してみれば分かる。

こんな磁場の重ね合わせ

　磁場 H の単位は公式からすぐに〔A/m〕と分かるので覚えるまでもない。$F = mH$ からの H の単位は〔N/Wb〕。よって，〔Wb〕＝〔N·m/A〕磁気分野の単位はいろいろな表記ができる。

High　どんな形状の導線でも，周りにできる磁場の強さは導線に流す電流の強さに比例すること，また，電流の向きを逆にすると磁場の向きも逆転することが分かっている。

いくつかの電流による磁場は個々の電流がつくる磁場のベクトル和となる。

> ### 磁場はベクトル和

透磁率 μ は媒質で決まる定数であり，空気は真空とほとんど同じ値をもつ。　$B=\mu H$ で表される B〔T〕を**磁束密度**という。

Q&A

Q　直線電流は "十分長い導線" となってますね。どれ位あればいいんですか。

A　10 m だったら OK とか，10 cm ではダメとかいうことじゃなくて，導線の長さに比べて十分近くで使うならいいということだよ。10 cm の長さの電流なら $r=1$ cm 位離しても $I/2\pi r$ でいいだろうけど，$r=20$ cm も離したら使えないね。

Q　円形電流とソレノイドは形が似てるのに公式はまるで違っていますね。

A　ソレノイドは円筒形で筒の長さが半径に比べて十分長い場合なんだ（それとなるべく密に巻いてあること）。円形電流の方は正反対で厚みがないこと。N 重に巻いてあっても厚みがなければ，中心は $H=N\dfrac{I}{2r}$ ということになるね。

N 巻き　　ソレノイド

これなら円形電流

あっ，そうそう，$I/2\pi r$ と $I/2r$ はよく混同されるからね。まず，最もよく使う直線電流の $I/2\pi r$ をしっかり身につけるといいよ。

57　地磁気の南北方向に十分長い導線を水平に張り，その真下 d〔m〕の所に小さな方位磁針を置く。電流 I_0〔A〕を流すと N は東に 30° 振れた。電流の向きと地磁気（の水平成分）H_G を求めよ。また，N を東に 60° 振らすのに必要な電流 I を求めよ。

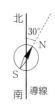

北
30°
N
S
南　導線

58　xy 平面上，$x=0$，$4a$ の位置に $2I$，$3I$ の直線電流が図の向きに流れている。A 点，B 点での磁場の強さと向きを求めよ。また，B 点を中心として半径 a の円形電流を xy 平面内で流し，B での磁場を 0 とするにはどちら向きに流せばよいか。その強さ I' はいくらか。

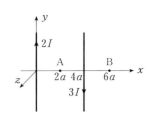

59　点 A，B には紙面に垂直に同じ強さの電流 *I* が逆
向きに流れている。図の点 C での磁場を求めよ。*l*，
L は距離を示し，C は AB の垂直 2 等分線上にある。

※　⊙は紙面に垂直で，裏から表への向き（コッチ向き）
を表す。⊗は表から裏への向き（アッチ向き）を表す。

矢じりの先端の感じ　　　つるをつがえる溝の感じ

60　5 cm の長さに 400 回巻いたソレノイドがある。2 A
の電流を a から b の向きに流すとき，内部にできる磁場
の向きと強さを求めよ。

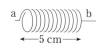

◆　電流が磁場から受ける力（電磁力）

磁場中を電流が流れている。
「あっ，力を受けているな」とすぐ
思い浮かべてほしい。

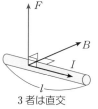

3 者は直交

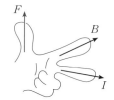

$$F = IBl \quad 〔N〕$$

電磁力 *F* は向きまで決められること。
フレミングの左手の法則を用いればよい。

High　図 a のような右向きの一様な磁場と，手前向
きの電流 *I* がつくる反時計回りの磁場を合成す
ると，図 b のようになる。電流の上側では磁場
が打ち消し合って磁力線がまばらになり，電流
の下側では強め合って磁力線が密になる。磁力
線が縮もうとする性質と隣どうしが押し合う性
質がともに電流に上向きの力を与える。

　　まったく別な見方としては，図 a で電流は赤
点線の磁場を通して磁石に（N，S 共に）下向き
の力を与える。その反作用として電流は上向き
の力を受けると考えることもできる。

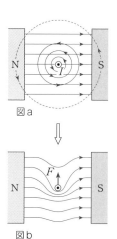

図 a

図 b

Q&A

Q　電磁力の向きを決めるのにいい覚え方はありませんか。

A　中指→人差し指→親指の順に電流→磁場→力の頭文字を取って電磁力。どちらからか迷ったら親指は力強いから "力" と記憶を回復させよう。アメリカンスタイルなら親指から *FBI*，もちろんココロは連邦捜査局。

　　ただ，私は右ネジを使っている。*I* から *B* へ右ネジを回したときネジの動く向きが *F* だ。(だから *BIl* でなく *IBl* と覚える。このやり方は大学で外積（がいせき）というベクトルを習うときたいへん役に立つ。)

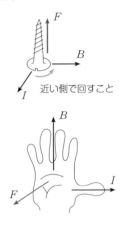

近い側で回すこと

　　もっとすごい方法もある。人呼んでビンタの法則。右手を開く。親指が *I*，人差し指以下 4 本が磁力線が沢山（たくさん）ある感じで磁場の向き。ビンタするとき力を加える向きこそ *F*。

　　まあ，どれでもいいから一つだけ確実に身につけてほしい。いろいろ知っているけどどれも使いこなせないようでは，悲劇というより喜劇になってしまう。

　　$\vec{B}$ と $\vec{I}$ が直角でないときは $\vec{B}$ を $\vec{I}$ 方向とそれに垂直な方向に分解して垂直成分を用いればよい。($\vec{B}$ を生かして $\vec{I}$ を分解してもよい。)

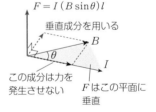

$$F = I(B\sin\theta)l$$

垂直成分を用いる

この成分は力を発生させない

F はこの平面に垂直

ちょっと一言　$\vec{F}$ は $\vec{I}$，$\vec{B}$ がつくる平面に垂直になる。つまり，$\vec{I}$ にも $\vec{B}$ にも直角になる。

High　$F = IBl$ より B の単位〔T〕は〔N/(A·m)〕とも表せる。p 95 でふれた〔Wb〕＝〔N·m/A〕から〔T〕＝〔Wb/m²〕。この〔Wb/m²〕もよく用いられる。

61　電磁力の向きを矢印または ⊙ や ⊗ を用いて図示せよ。力が働かない場合は 0 と答えよ。

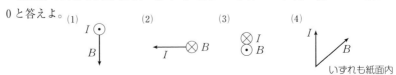

(1)　(2)　(3)　(4)　いずれも紙面内

EX　r〔m〕離れた十分長い2本の直線導線に電流I_1〔A〕，I_2〔A〕が逆向きに流れている。A，Bそれぞれの長さl〔m〕の部分が受ける力の大きさ〔N〕および向きを求めよ。透磁率をμ〔N/A^2〕とする。

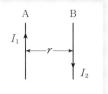

解　BがAの位置につくる磁場の強さは　$H_B = \dfrac{I_2}{2\pi r}$

Aが受ける力は　$F_A = I_1 \cdot \mu H_B \cdot l = \dfrac{\mu I_1 I_2 \, l}{2\pi r}$

同様に　$H_A = \dfrac{I_1}{2\pi r}$，$F_B = I_2 \cdot \mu H_A \cdot l = \dfrac{\mu I_1 I_2 \, l}{2\pi r}$

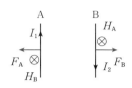

$F_A = F_B$ となるのは作用・反作用からも理解できる。

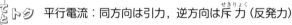

知っておくとトク　平行電流：同方向は引力，逆方向は斥力（反発力）

　これは直線電流でなくても使える。たとえばソレノイドに電流を流すと1つ1つのリングは同方向の電流だからソレノイドは縮もうとする。

62*　1辺の長さlの正方形をした導線Aに電流iが流れている。Aから距離r離れた位置に十分長い直線電流Iが流れている。Aが受ける力Fを求めよ。透磁率をμとする。

63*　紙面に垂直に3本の直線電流Iが互いにr離れて図のように流れている。Aが受ける単位長さ当たりの力を求めよ。透磁率をμとする。

64　コイルと棒磁石が図のように配置されている。矢印の向きに電流を流すとき，コイルはどちら向きの力を受けるか。

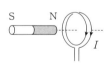

◆ ローレンツ力

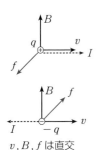

v, B, f は直交

電気を帯びた粒子(荷電粒子)が磁場の中を動くとくればローレンツ力。

磁束密度 B 〔T〕の磁場中で,磁場に垂直に速さ v 〔m/s〕で運動する電荷 q 〔C〕の荷電粒子が受けるローレンツ力の大きさ f は

$$f = qvB \quad 〔\text{N}〕$$

向きを決めるには,電磁力での方法を応用すればよい。正の荷電粒子の場合は速度 v の向きを電流 I に置き替えてから左手の法則などを用いる。

負の粒子の場合は v と逆向きを電流 I に置き替えて行う。

> ちょっと一言　導線中の電流は電子の流れであり,電磁力は1個1個の電子が受けるローレンツ力に基づいている。だからこの2つの力の向きを決めるのに同じ方法が用いられるわけだ。歴史的には電磁力が先に発見されたが,現在ではローレンツ力の方がより根本の法則と考えられている。

$\vec{v}$ の向きが $\vec{B}$ の向きと角 θ をなす場合は $\vec{B}$ に垂直な速度成分を用いる。つまり磁場方向への動きではローレンツ力は生じない。

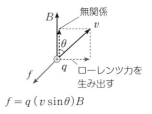

$$f = q(v\sin\theta)B$$

65 ローレンツ力の向きを矢印または $\odot$ や $\otimes$ を用いて図示せよ。力が働かない場合は 0 と答えよ。

(1)　(2)　(3)　(4)

いずれも紙面内

66* 磁束密度 B の磁場に垂直に置かれた長さ l,断面積 S の導線中を,自由電子が速さ v で動いている。ローレンツ力 f の総和が電磁力 F になっていることを示せ。電子の電荷を $-e$,個数密度を n とする。

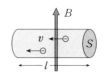

V　電磁誘導

◆　電磁誘導

　磁場中で動く導体棒，磁束（じそく）が変化しているコイル——これらは**誘導起電力（ゆうどうきでんりょく）**をもっている。つまり，"1つの電池"になっている。その起電力の大きさと向きを決めるには ……

(A) 磁場中を動く導体棒

　長さ l〔m〕の導体棒が磁場に垂直に速さ v〔m/s〕で動いているときには

$$V = vBl \quad 〔V〕$$

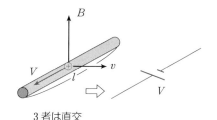

3者は直交

の誘導起電力が生じている。その向き（起電力の向きは電流を流そうとする向き）は，図のように正電荷が受けるローレンツ力の向きで決める。

　磁力線（りょく）を沢山（たくさん）生えた草にたとえると，導体棒が草を刈る鎌（かま）のように動く場合に誘導起電力が発生する。磁場方向の動き，つまり草の間をすり抜けるような動きでは発生しない。

　$\vec{v}$ と $\vec{B}$ が垂直でないときはどちらかを分解し，垂直成分を取り出す。

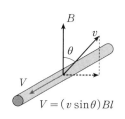

$V = (v \sin\theta)Bl$

　　ちょっと一言　ローレンツ力が原因になっているので上のような決め方が正統的。

　　　　他にもいろいろな方法があるが，右ねじが断然のお薦めだ。導体棒をねじに見たて v から B へねじを回す（す）。ねじの動く向きが V の向き。だから公式は $\overset{.}{v}\overset{.}{B}l$ の順で覚える。ねじの進みだけでなく，ゆるみも使えると便利。上の例なら右のように。

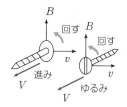

$V = vBl$ のルーツをさぐってみよう。導体棒を v で動かすと，中の自由電子は P→Q の向きのローレンツ力 evB を受けて移動し（図 a），Q 端に集まる。一方，P 端では電子がいなくなって ＋ が顔を出す。この ＋，－ が P→Q の向きに電場 E をつくり，残りの自由電子は evB とは逆向きの静電気力 eE を受ける。電子の移動とともに E が増し，やがて $eE = evB$ となって力がつり合うと，電子の移動は止む（とは言え，アッという間のできごと）。$E = vB$ が電場の最終値だ。

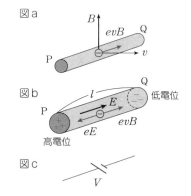

図 a

図 b

低電位

高電位

図 c

PQ 間の電位差は $V = El = vBl$ で，P が高電位側なので図 c のような電池になっている。

	電流が流れる ⇨	電磁力	$F = IBl$
磁場中で	荷電粒子が動く ⇨	ローレンツ力	$f = qvB$
	金属棒が動く ⇨	誘導起電力	$V = vBl$

（いずれも垂直成分が命）

ちょっと一言　ローレンツ力が電磁力と誘導起電力の原因になっているという認識も大切。

　　　　　　磁気ではいろいろな量の向きの決め方が登場したが，電流がつくる磁場は右ねじで，電磁力，ローレンツ力は１つの方法（たとえば左手）で扱える。誘導起電力は右ねじが推奨(すいしょう)法。

67　導体棒 PQ に生じる誘導起電力の向きを答えよ。生じない場合は 0 とせよ。(4)は大きさも答えよ（PQ の長さを l とする）。

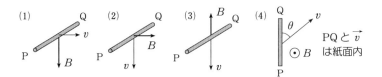

(1)　(2)　(3)　(4)　PQ と $\vec{v}$ は紙面内

(B) ファラデーの電磁誘導の法則

面積 S のコイルを貫く磁束 Φ（じそく ファイ）は

$$\Phi = BS \quad \text{〔Wb〕}$$

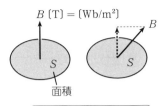

コイル面に対し $\vec{B}$ が垂直でないときは垂直成分（点線）を取り出す。あるいは $\vec{B}$ を生かして、$\vec{B}$ に垂直な有効面積を用いる。

☞ Φ は磁力線の数に相当する

ちょっと一言　磁場に関する現象はいつも垂直成分が問題になる。電磁力、ローレンツ力、誘導起電力、どれもそうだ。

さあ、いよいよファラデーの法則だ。N 巻きのコイルを貫く磁束 Φ が時間的に変化している場合、生じる誘導起電力は

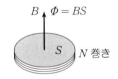

$$V = -N\frac{\Delta\Phi}{\Delta t} \quad \text{〔V〕}$$

コイルの一巻き一巻きが $\Delta\Phi/\Delta t$ の起電力をもった電池になり、N 個が直列につながれているので N 倍しているわけだ。この式のマイナス符号は起電力が磁束の変化を妨げる向きに生じることを意味するが、起電力の大きさを計算するときは V の絶対値を追えばよい。

向きは次のように決める（レンツの法則）。

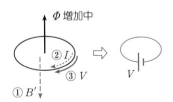

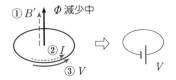

① 磁場 B' をつくって磁束 $\Phi(=BS)$ の変化を妨げようとする。

② それには ┈┈▸ の向きに電流 I を流せばよい。

③ よってコイルには ⟶ の向きの V が生じる。

ちょっと一言　①、②は③のための踏み台に過ぎない。もし、コイルの一部が切断されていれば I は流れないし、B' もできない。それでも V は生じる。

68* 磁石とコイルが図のように配置されている。次の場合 ab 間の抵抗に流れる電流の向きを答えよ。また，磁石とコイルの間にはどのような力が生じるか。

(1) コイルを止め，磁石を近づけたとき

(2) 磁石を止め，コイルを遠ざけたとき

誘導起電力の求め方

A 導体棒が磁場中を動く $\Rightarrow$ $V = vBl$

B 固定コイル $\Rightarrow$ ファラデーの電磁誘導の法則 $V = -N\dfrac{\Delta\Phi}{\Delta t}$

解説

ファラデーの法則は**A**を含めてすべての場合に適用できるが，導体棒が動くときは**A**の vBl が早い。一方，コイルが固定されていれば**A**はまったく無力となる。ファラデーでしか計算できない。両者を使い分けるとよい。

Q&A

Q 一様な磁場中を辺の長さ l，L の長方形コイルが速さ v で動いているとき，コイルを貫く磁束は一定でしょ？すると誘導起電力は生じないはずなのに ab 間に電位差があると言われてわけが分からなくなったんですが……。

A 動く導体棒の考えでいくと，磁力線を切って進む ab と cd の2本で起電力が発生し，右のように電池が2個生じている。同じ電圧の電池だから電流は流れない。でも確かに ab 間には vBl の電位差がある。

ファラデーで考えると，君の言う通り，磁束は一定で，$V = 0$ だ。ただ<u>ファラデーの V はコイル全体でのもの</u>なんだ。部分的な起電力を考えるには，動く導体棒の方がすぐれているといえるね。

╾╾╾╾╾╾╾ **電磁誘導の回路を解く** ╾╾╾╾╾╾╾

1 誘導起電力を前項のように決め，電池に置き替える。

2 直流回路の問題としてとらえ，
　　オームまたはキルヒホッフで解く。

【解説】

結局，電磁誘導の問題は次のような流れで解くことになる。

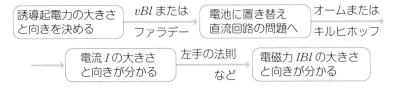

変則的な場合もあるが，まずはこの流れをしっかり身につけたい。

なお，電流 I がつくる磁場の影響までは考えなくてよい。

EX 1　水平面上に2本のレールが l の間隔で
敷かれ，左端は R の抵抗で結ばれている。
磁束密度 B の磁場を鉛直下向きにかけ，
レール上を滑らかにすべる導体棒 PQ に
外力を加え，右へ一定の速さ v で動かす。
R 以外の抵抗は無視できるとして

(1) PQ 間を流れる電流の大きさ I と向きを求めよ。

(2) P と Q ではどちらが高電位か。　(3) 外力の仕事率 P を求めよ。

【解】(1)　PQ 間を電池に置き替えると右図の回路になる。

　　オームの法則より　　$I = \dfrac{vBl}{R}$，　**P → Q の向き**

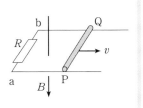

(2)　図の電池を見れば **Q が正極側で高電位**と分かる。

Miss　電流が P から Q に流れているので P が高
電位と判断していないだろうか。確かに抵抗では電流は高電位から低
電位へと流れる。しかし，PQ 間は"電池"なんだ。

(**別解**)　抵抗 R を見てみる。b から a へ電流が流れている。だから b が高電位。
　　　　b と Q, a と P の電位はそれぞれ等しい。よって Q が高電位。

(3)　PQ は等速度で動いているから，力のつり合いが成りたつ。電磁力は左向き
　　に働くから，外力は同じ大きさで右向きである。

$$外力\ F = 電磁力\ IBl = \frac{vB^2l^2}{R} \qquad \therefore \quad P = Fv = \frac{(vBl)^2}{R}$$

(**別解**)　エネルギー保存則より P はジュール熱に等しい(外力の仕事分だけジュー
　　　　ル熱が発生する)。　　$P = RI^2 = R(vBl/R)^2$

**　　　　電磁誘導ではエネルギー保存則にも気を配りたい。**

　以上をファラデーで考えると，PQba がコイルで，
B は一定だが面積 S が増していくため下向きに貫く磁
束が増す。そこで上向きの磁場をつくる向き，すなわ
ち P → Q の向きに電流を流そうとする(事実，回路が
閉じているので流れる。)$\varDelta t$ の間の磁束の増加は右図
の斜線部に等しく，$\varDelta\Phi = B \times lv\varDelta t$　　$\therefore \quad V = \varDelta\Phi/\varDelta t = vBl$

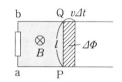

69　EX 1 で導体棒 PQ が r の抵抗をもつ場合の電流 I と，P に対する Q の電位
　　を求めよ。

High　レールがなくて PQ だけが磁場中を動いているとしよう。
　　　　コイルに当たる部分がないのにどうしてファラデーを適用
　　　　していくかというと，上のようなレールを仮想的に敷いて
　　　　考えればよい。右の図のように右側にコイルを仮想して考
　　　　えてもよい。このようにファラデーには融通無碍な所がある。

EX 2　EX 1 に続いて，ab 間に R の抵抗と起
　　電力 E の電池をつなぎ，スイッチを付
　　ける。PQ をレール上で静止させた状態
　　でスイッチを入れる。外力は加えない。

(1)　PQ の速さが v になったときの電流
　　I を求めよ。

(2)　十分に時間がたったときの PQ の速さ v_1 を求めよ。

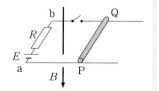

解 (1) スイッチを入れると Q から P へ電流が流れ，PQ は
右向きに電磁力を受け動き出す。**EX 1** と同様，PQ を電池に
置き替えると右の図になる。キルヒホッフの法則より

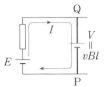

$$E - vBl = RI \qquad \therefore \quad I = \frac{E - vBl}{R}$$

I は $\mathbf{Q \to P}$ の向き，このように <u>電池があると必ずしも
誘導起電力の向きに I が流れるわけではない</u> ことにも注意。

(2) Q から P へ流れる電流 I による右向きの電磁力が v
を増していく。やがて vBl が E に等しくなると上の式よ
り I は 0 となる。すると電磁力も消え，PQ は等速度運動
に入る。

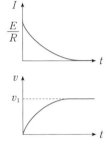

$$v_1 Bl = E \quad \text{より} \quad v_1 = \frac{E}{Bl}$$

vBl が E を超えて電流が逆流することはない。
I, v の時間変化は右のようになる。

電磁誘導は現象の進行を妨げる
⇨ やがては等速 ⇨ 等速度は力のつり合い

ちょっと一言　**EX 1** や **2** で，もし，PQ の長
さがレールをはみ出していたとしても，
答えは何も変わらない。確かに PQ 間
の誘導起電力は vBL あるが，回路と
して役に立っている部分は vBl だけ
だし，はみ出し部分には電流が流れな
いので電磁力も IBl でよい。

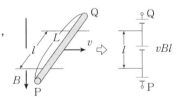

70 * 辺の長さ a, b の長方形コイルを一定の速さ v で
幅 $2a$ の磁場（磁束密度 B で手前向き）を横切らせる。
コイルの抵抗を R，辺 PQ が磁場に達したときを
$t = 0$ とする。次のグラフを描け。

(1) 電流の時間変化（P → Q の向きを正）

(2) コイルを引く外力 F の時間変化（右向きを正）

71 *　間隔 l の長いレールを鉛直に立て，端を抵抗 R で結
び，磁束密度 B の水平磁場に垂直に置く。レールに
沿って滑らかに動く導体棒 PQ（質量 m）を放す。PQ
を流れる電流の向きを求めよ。PQ の終端速度 v_1 はい
くらか。重力加速度を g とし，R 以外の抵抗はないと
する。

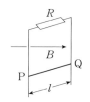

72 **　前問のレールを水平から角 θ 傾け，鉛直上向きの
磁場（磁束密度 B）中に置く。PQ を放したときの終端
速度 v_1 を求めよ。また，途中の速さ v のときの PQ
の加速度の大きさ a を求めよ。

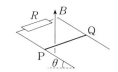

73 **　紙面の表から裏への向きに磁場がかけてある。
磁束密度 $B(x)$ は座標 x に比例して増え，$B(x)=$
Kx と表される。辺の長さ a，b の長方形コイルを
一定の速さ v で $+x$ 方向に動かすとき，コイルに生
じる誘導起電力の向きと大きさ V を求めよ。

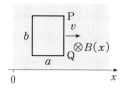

EX 3　　一辺が l の正方形をした N 巻
きコイルに垂直に磁場をかけ，
磁束密度 B を図のように時間的
に増やした。時刻 t での磁束 Φ
を求めよ。また R の抵抗に流れ
る電流の大きさ I と向きを求め
よ。

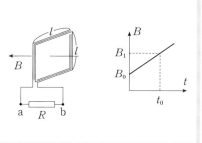

解　グラフより　$B = B_0 + \dfrac{B_1 - B_0}{t_0} t$

$$\Phi = Bl^2 = B_0 l^2 + \frac{B_1 - B_0}{t_0} l^2 t$$

Φ は t の 1 次式で表されているから（姉妹編 p 162）

$$\Delta\Phi = \frac{B_1 - B_0}{t_0} l^2 \Delta t \qquad \therefore \quad V = N\frac{\Delta\Phi}{\Delta t} = \frac{Nl^2(B_1 - B_0)}{t_0}$$

よって　　$I = \dfrac{V}{R} = \dfrac{Nl^2(B_1 - B_0)}{Rt_0}$　　　**a → b の向き**

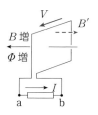

High $V=N\dfrac{d\Phi}{dt}$ と微分で扱うと，解きやすいことが多い。

いまの場合なら　$V=N\dfrac{d(BS)}{dt}=NS\dfrac{dB}{dt}$

$S=l^2$ で，$\dfrac{dB}{dt}$ はグラフの傾きである。

74* 半径 a の円形領域で，紙面の裏から表へ向かう磁束密
度が単位時間あたり b の一定の割合で増している。半径
r のコイルに生じる誘導起電力の向きは X か Y か。また，
その大きさ V を，(1)$r\leqq a$ と(2)$r>a$ の場合について求
めよ。

EX 4　　半径 r 〔m〕の円形レールの一部をカットし，中
心 O と端 A を抵抗 R 〔Ω〕で結ぶ。OP は金属棒
で，時刻 $t=0$ に OA の位置から一定の角速度
ω 〔rad/s〕で反時計回りに回転させる。磁束密度
B 〔Wb/m²〕の磁場が紙面の表から裏の向きにか
かっている。R 以外の抵抗はないとする。

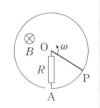

(1) 時刻 t 〔s〕においてコイル OAP を貫く磁束 Φ を求めよ。

(2) OA を流れる電流の強さ I と向きを求めよ。

解 (1) OP は角度 ωt 回転している。扇形 OAP の面積は円の面積 πr^2 を中心角
で比例配分し，$S=\pi r^2\times\dfrac{\omega t}{2\pi}$　　∴　$\Phi=BS=\dfrac{1}{2}Br^2\omega t$ 〔Wb〕

(2) この結果より　$\Delta\Phi=\dfrac{1}{2}Br^2\omega\Delta t$　　∴　$V=\dfrac{\Delta\Phi}{\Delta t}=\dfrac{1}{2}Br^2\omega$

$$I=\dfrac{V}{R}=\dfrac{Br^2\omega}{2R}\ 〔A〕$$

上向きの磁場をつくる向き，すなわち **O → A** の向きに流れる。

知っておくトク 導体棒が動いているので vBl を利用する手もある。ただ，速さは
OP 間の場所ごとに違う。P は最大の速さで $r\omega$，O は最小で 0。だ
から v としては平均の速さを用いる。

$$V=\dfrac{(r\omega+0)}{2}Br=\dfrac{1}{2}Br^2\omega$$

少々手荒いが，分かりやすさが取りえ！

75* EX 4 に続き，OP の他にもう一本の金属棒 OQ を OP と正反対の位置に置き（POQ は直径となる），両者を ω で反時計回りに回転させる。OA を流れる電流は EX 4 の場合の何倍になるか。

76* 磁束密度 B の磁場中で，面積 S の N 巻コイルを磁場に垂直な軸のまわりに，角速度 ω で回転させる。コイル面が磁場に垂直になったときの時刻を 0 とすると，時刻 t での磁束 Φ と誘導起電力 V を求めよ（微分を用いてよい）。

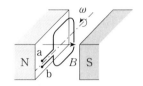

Q&A

Q 電磁誘導などでエネルギー保存則を用いるとき，保存則を表す公式がないのが気になります。何となくこうなるだろうという直観で書いているのですか。

A それに近いね。関連するエネルギーを確認し，このようなつながりになるはずだという洞察力に基づいて書いている。エネルギーに見落としがないかどうかと，エネルギーの移り変わりに注意を払う。もちろん，仕事も考慮してのこと。コンデンサーの場合も含めて電磁気でのエネルギー保存則は洞察力の世界と言っていい。顔を出すエネルギーや仕事の種類は限られているので，関連付けるのは，経験つまり慣れだね。

外力の仕事は「正」と仮定して，つまり，エネルギーを供給しているとして式を立てると分かりやすい。筋道の通ったつながりが大切で，正だと思っていた項が負であっても構わない。外力の仕事は負になると分かっていても，あえて正として立式することがあるよ。

電池のする仕事 QV（単位時間当たりなら電池の供給電力 VI）も正と仮定して保存則を書くことが多いね。正電荷が負極側から正極側に電池内部を通るとき，あるいは電流が正極から流れ出るときが正。電池が回路にエネルギーを供給している状況だ。

（Q：電池を通過した電気量，V：電池の起電力，I：電流）

Q 磁場中で導体棒が動き，誘導起電力によって電流が流れる場合の電磁誘導ですが，エネルギー保存則を考えるときに，電磁力の仕事が入っていません。

たとえば，EX 1 のように導体棒を動かすとき，「外力の仕事」＝「ジュール熱」となっていますが，導体棒を流れる電流によって電磁力が働いているはずです。その仕事を無視してよいのでしょうか？

A 電磁力は重要で，力のつり合いや運動方程式などで活躍する。でも，回路全

体に対するエネルギー保存則では「電磁力の仕事は考えなくていい」んだ。

　もし，考えるのであれば，誘導起電力の仕事も同時に考えることになる。導体棒は電池に変身し，（電池がエネルギーを出すように）電池のする仕事がある。

　そして，両者の仕事の和は 0 になる。電磁力も誘導起電力も自由電子に働くローレンツ力に基づいており，ローレンツ力は仕事をしないから。ローレンツ力は電子の速度の向きと直角をなして働くからだね。

　これからは「電磁力の仕事」を頭から消し去ってほしい。多くの人が気づかないまま無事通り過ぎている…というのが実情かも。

Ⓠ　2 つの仕事の和が 0 になることを式で確認できませんか。

Ⓐ　ややマニアックな感が…。では，**High** ということで。

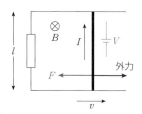

　導体棒を速さ v で動かすとき，電磁力 $F=IBl$ はブレーキなので，仕事は $W_1=-F\cdot v\varDelta t=$ $-IBl\cdot v\varDelta t$　$\varDelta t$ 秒間に $v\varDelta t$ の距離動いているからね。　一方，誘導起電力 $V=vBl$ は電流 I を流し，電力が VI だから，$\varDelta t$ 秒間の回路への供給エネルギー（V のする仕事）は

$$W_2=VI\varDelta t=vBl\cdot I\varDelta t \qquad したがって，\qquad W_1+W_2=0 \ !$$

　なお，この関係は瞬間・瞬間で成り立っている。$\varDelta t$ を微小時間としてみれば納得できるはず。　v が一定でなくてもいいんだ。

Ⓠ　加速度運動のケースですね。そのときのエネルギー保存則はどう表せるのですか？

Ⓐ　導体棒の運動エネルギーを加えればいい。

　　　　「外力の仕事」＝「運動エネルギーの変化」＋「ジュール熱」

　　　「変化」が大切。加速していく場合は増加分だね。変化なら減速の場合も含められるのがメリット。変化は「後」−「前」の引き算で。

◆　相互誘導

　コイルを 2 つ並べ，片方のコイル（1 次コイル）に流す電流 I_1 を変化させると，I_1 によってつくられる磁場が変化する。そのため 2 次コイルを貫く磁束も変化し，誘導

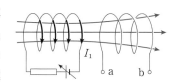

起電力 V_2 が生じる。V_2 は I_1 の時間変化に比例し，

$$V_2 = -M\frac{\Delta I_1}{\Delta t} \quad 〔\text{V}〕 \qquad M \text{は相互インダクタンス，単位は} 〔\text{H}〕$$

EX 前ページの図で I_1 を右図のように変化させた。2つのコイルの相互インダクタンスは $M=4$〔H〕とする。a に対する b の電位を時間 t の関数としてグラフに表せ。

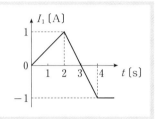

解 まず $0 < t < 2$ で考えよう。I_1 が増加しているから B が増し，右向きに貫く Φ が増している。そこで2次コイルは左向きの磁場を生じるような電流を赤色矢印の向きに流そうとする（実際は回路が閉じていないので流れないが），この向きこそ誘導起電力の向きである。電池の記号に直せば b が低電位側で $V_2 < 0$ と分かる。ab 間を抵抗線で結べば，a→b に電流が流れることから判断してもよい。

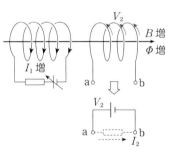

$\dfrac{\Delta I_1}{\Delta t}$ は $I_1\text{-}t$ グラフの傾きに等しいので（$\dfrac{dI_1}{dt}$ と直すと分かりやすい），

$$V_2 = -M\frac{\Delta I_1}{\Delta t} = -4 \times \frac{1}{2} = -2 〔\text{V}〕$$

このように公式通りで符号が合うことを一度確かめれば，後は OK。

$2 < t < 4 \quad V_2 = -4 \times \left(-\dfrac{2}{2}\right) = 4 〔\text{V}〕$

$4 < t \qquad V_2 = -4 \times 0 = 0 \cdots\cdots I_1$ が一定だから Φ 一定で当然のこと。

77 前ページの図で ab 間を 5 Ω の抵抗でつなぎ，右図のように I_1 を変化させた。$M=4$〔H〕として，2次コイルに流れる電流の時間変化をグラフにせよ。抵抗で a→b の向きを正とする。2次コイルの自己誘導は無視する。

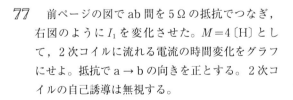

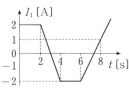

◆ 自己誘導

コイルに流す電流 I を変化させるとそのコイル自身にも誘導起電力 V が現れる。V は I の時間変化に比例し，

$$V = -L\frac{\varDelta I}{\varDelta t} \quad (\text{V}) \quad L は自己インダクタンス，単位は (\text{H})$$

EX　自己インダクタンス 3 〔H〕のコイルを流れる電流 I(矢印の向きを正)を図のように変化させた。a に対する b の電位の時間変化をグラフにせよ。

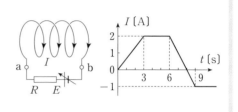

解　$0 < t < 3$ では電流 I が増加し，I による B，$\varPhi$ が右向きにコイルを貫いて増している。そこでコイルには(左向きの磁場をつくるような，赤色矢印の向きの電流を流そうとする)誘導起電力 V が生じる。コイルは右図のような電池になっており，b が低電位側で $V < 0$ と分かる。

$$V = -L\frac{\varDelta I}{\varDelta t} = -3 \times \frac{2}{3} = -2 \text{ 〔V〕}$$

$3 < t < 6$ と $9 < t$ では I 一定で $V = 0$

$6 < t < 9$ では $V = -3 \times \dfrac{-1-2}{3} = 3 \text{ 〔V〕}$

Q&A

Q　$0 < t < 3$ では I と逆向きの誘導起電力 V ができるから電流が逆流し始めるのですか。

A　そうじゃないよ。I はグラフに示されている通り正のままで増加している。このとき同時に V もできているんだ。　つまり電源は電圧 E を増してこの V に打ち勝ちながら I を増やしていってるんだ。

キルヒホッフを使えば　$E - 2 = RI$。I とともに E は増えている。

Q　$6 < t < 9$ の話をもう少し詳しくして下さい。

A 6 < t < 8 では I が減少し，右向きの磁束が減少するため，右図の赤色矢印の向きに誘導起電力が生じる。

一方，8 < t < 9 では I が逆向きに流れ，"増加" していく。左向きの磁束が増加するからそれを妨げる誘導起電力の向きは……やはり同じなんだ。結局，上のように一括(いっかつ)して計算していいことになる。

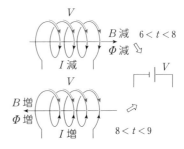

この **EX** のようにコイルは電池と化し，<u>自己誘導による起電力はいつも電流の変化を妨げる向き</u>である(そこで逆起電力とよばれる)。

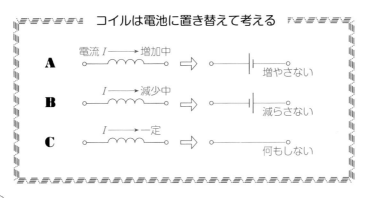

コイルは電池に置き替えて考える

A 電流 I ⟶ 増加中　⟹　増やさない

B I ⟶ 減少中　⟹　減らさない

C I ⟶ 一定　⟹　何もしない

【解説】

p 113 の **EX** で見ると，0 < t < 3 ではコイルを a から b へ通る電流が増しているので**A**のタイプの電池になっている。もしコイルを逆向きに巻いたとしてもこのことに変わりはない。コイルの巻き方は気にせず，電流は入り口から出口への流れとしてとらえればよい。コイルは「電流を維持しようとする」とも言える。

78**　巻数 N，断面積 S，長さ l のソレノイドコイルを流れる電流が I から微小時間 Δt の間に $I + \Delta I$ に増加したとする。ファラデーの法則を用いて自己インダクタンス L を求めよ。透磁率を μ とする。

◆　コイル・コンデンサーの過渡現象

　コイルは電流の変化を妨げるため，電流を突然には変えない。回路のスイッチを ON，あるいは OFF したときもコイルを流れる電流は不連続には変わらない。スイッチ操作直後のコイルを流れる電流は直前の電流を調べればよい。

> ### コイルは電流の変化を嫌う ⇨ *I*（直後）＝*I*（直前）

　たとえば，スイッチを ON した直後，コイルには電流が流れない。それまで流していないからだ。ただ，徐々に流し始め，電源電圧が一定なら十分に時間がたつと一定電流になり，コイルは誘導起電力をもたず，一本の導線状態となっていく。

> ### 直流回路のコイル……やがては一本の導線

　ただし，抵抗のないコイルの話（断りがなければそう思ってよい）。もし，$100\,\Omega$ の抵抗線を巻いて作ったコイルなら最後は $100\,\Omega$ の抵抗となる。

　未充電コンデンサーも含めて（p 67）まとめてみると

	ON 直後	やがて
コンデンサー	一本の導線	電流を通さない
コイル	電流を通さない	一本の導線

　もし途中のことを尋ねられれば，キルヒホッフで考える。そのときのコンデンサーの電圧を V とすると，＋・－ に注意して V の電位差の電池に置き替えてもいいし，V の電位降下とみてもいい。コイルは上述のように電池に置き替える。

　スイッチ ON に限らず，OFF の際にも，コンデンサーは電気量をパッと変えることはなく，コイルは電流をパッと変えることはない。

79 * スイッチを入れた直後
からの電流の時間変化を
グラフにした。コイルの
自己インダクタンス L と
抵抗値 R を求めよ。

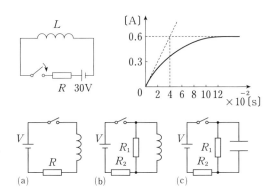

80 * (a), (b), (c)の場合につ
いて，スイッチを入れた
直後および十分に時間が
たった後，電池を流れる
電流を求めよ。

81 ** 前問の(b)で，スイッチを入れて十分にたってから，スイッチを開く。その
直後のコイルの電圧を求めよ。

VI　交　流

◆　交流のまとめ

交流は知識をもっていればすむ分野だ。そこで知識を整理しておこう。

◇**時間変化**　電圧 v，電流 i は時間 t ととも
に sin や cos 型で変化する。

角周波数 ω〔rad/s〕，周期 T〔s〕，周波
数 f〔Hz〕の間には

$$\omega = \frac{2\pi}{T} = 2\pi f$$

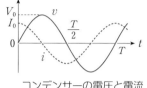

コンデンサーの電圧と電流

V_0, I_0 は最大値，$V_0 = \dfrac{1}{\omega C} \cdot I_0$

◇**実効値**　　実効値 $= \dfrac{\text{最大値}}{\sqrt{2}}$

最大値よりも実効値を優先し，単に 100 V といえば，実効値 100 V の
こと。電流計，電圧計の表示値も実効値である。

◇**リアクタンス**　リアクタンスは交流に対する抵抗の意味で単位は〔Ω〕

L〔H〕のコイル…………… ωL〔Ω〕：誘導リアクタンス

C〔F〕のコンデンサー…… $\dfrac{1}{\omega C}$〔Ω〕：容量リアクタンス

抵抗 ── ▭ ── R〔Ω〕	コイル ──〰〰── L〔H〕	コンデンサー ──┤├── C〔F〕	
$V = RI$	$V = \omega L \cdot I$	$V = \dfrac{1}{\omega C} \cdot I$	※
電圧の位相と 電流の位相は同じ	電圧に対して 電流は $\dfrac{\pi}{2}$ 遅れる	電圧に対して 電流は $\dfrac{\pi}{2}$ 進む	
			※※

※ V, I は共に実効値とするか，または共に最大値とする。

※※ ベクトル表示……回転するベクトルの y 軸
　　上への正射影が時々刻々の値を示す。
　　$\sin\omega t$ や $\cos\omega t$ の代用ができる。ベク
　　トルは角速度 ω で反時計回り。ベクト
　　ルが真上を向くときが最大値のとき。

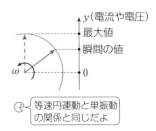

等速円運動と単振動
の関係と同じだよ

◇ **RLC 直列回路**　回路のインピーダンス(合成抵抗の意)を Z〔Ω〕とすると

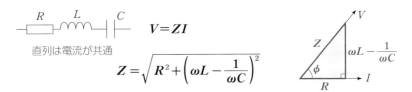

$$V = ZI$$

$$Z = \sqrt{R^2 + \left(\omega L - \frac{1}{\omega C}\right)^2}$$

直列は電流が共通

ちょっと一言　R, L, C の接続順序は自由。また，3 個が出そろわなくてもよ
い。含まれない素子の部分をカットすればよい。たとえば C が
なければ　$Z = \sqrt{R^2 + (\omega L)^2}$

知っておくとトク　三角形の図で覚えておくのがベスト。Z は三平方の定理からすぐ書
けるし，電圧と電流の位相差 ϕ が読み取れる。図では V が先だが，
$\omega L - 1/\omega C$ が負 $(\phi < 0)$ になると I が先になる。

◇**消費電力**　抵抗のないコイルとコンデンサーは(時間平均してみると)電力
を消費しない。つまりエネルギーを消費しない。

電力は抵抗でジュール熱として消費され，電流，電圧の実効値を I_e，
V_e とすると消費電力は $RI_e^2 (= V_e I_e)$ となる。

◇**変圧器**　電圧比はコイルの巻き数の比に等しく

$$\frac{V_1}{V_2} = \frac{N_1}{N_2}$$

理想的な変圧器では，エネルギー保存則より

$$V_1 I_1 = V_2 I_2$$

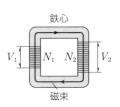

鉄心

磁束

Q&A

Q 交流と聞いただけで鳥肌が立ちます。

A 抵抗については直流の物理と同じだよ。電源が可変で向きも変わっているというだけのこと。時々刻々はオームの法則に従っている。コイル，コンデンサーは確かに交流独特の話に入るね。

Q リアクタンスって，抵抗 R と似ているようでもあり，違いがもう一つピンときません。

A 直流の知識で考えると，コイルやコンデンサーの抵抗 R は 0 なので，電圧をかけると電流は無限大になってしまうように思えるでしょ。でも，交流ではそんなことはなく，リアクタンスが 50 Ω なら，100 V に対して流す電流は $100 \div 50 = 2$ A に限定してしまう。電流の限度を決める点では抵抗と同じ役目なんだ。でも，ジュール熱の発生はないからね。RI^2 の意識で $\omega L \cdot I^2$ とか $(1/\omega C) \cdot I^2$ なんてやっちゃダメだよ。

Q 実効値はなぜ最大値の $1/\sqrt{2}$ と決めたんですか。

A 抵抗での消費電力(時々刻々変動しているので時間的平均値)を計算してみると，最大値を用いると $\frac{1}{2} R I_0^2$ とか $\frac{1}{2} V_0 I_0$ となってしまう(次ページ※)。直流の公式 RI^2 や VI と合わせるために $I_e = I_0/\sqrt{2}$，$V_e = V_0/\sqrt{2}$ としたんだ。

Q 位相が進んでいるとか遅れているとか何のことですか。

A 電圧 v と電流 i それぞれを時間 t の関数として表したとき，たとえば $v = V_0 \sin \omega t$，$i = I_0 \sin(\omega t - \phi)$ となったとする。sin の中身を位相といったね。中身が大きいほど位相が進んでいるという。ϕ が正なら i の方が v より ϕ 遅れているわけだ。

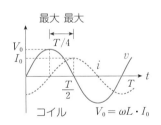

　まあ，式だけではピンとこないと思う。最大値をとる時間的タイミングのずれの話なんだ。図はコイルの場合で $\phi = \pi/2$　v が最大となってから $T/4$ 後に i は最大になる。

Q $V_0 = \omega L I_0$ なんて書いているから，つい同時のことかと思っていました。

A だから位相の差も大事なんだ。前のまとめをそのまま覚えるのはとても大変

だね。いい覚え方を教えよう。コイルは自己誘導で逆起電力を生じ反抗したね。最大電圧をかけてもすぐには最大電流を流してくれない。だからコイルは電流が後。理解していれば忘れても記憶の復元ができるわけだ。

　コンデンサーはコイルの逆とだけ覚えておけばいい。ただ $\pi/2$ は忘れないように。とくに光の反射のときの π と混同が多いからね。

> ## コイルは電流が $\dfrac{\pi}{2}$ 遅れる。　コンデンサーはコイルの逆

※　$P = \overline{Ri^2} = R\,\overline{(I_0 \sin \omega t)^2} = RI_0{}^2 \overline{\dfrac{1-\cos 2\omega t}{2}}$

$\cos$ は ＋－ 均等に変動するので $\overline{\cos 2\omega t} = 0$ 　　$\therefore$ 　$P = \dfrac{1}{2}RI_0^2$

EX　抵抗と 0.2 H のコイル，50 μF のコンデンサーをつないだ回路に角周波数 $\omega = 400$ rad/s の交流が流れている。電流計，電圧計は 2 A，80 V を示している。抵抗の値はいくらか。また，次の区間での電圧を求めよ。

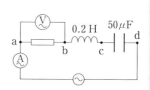

(1)　bc 間　　(2)　cd 間　　(3)　ad 間　　(4)　bd 間

解　$V_R = RI$ 　より　　$R = \dfrac{V_R}{I} = \dfrac{80}{2} = 40\ \Omega$

　直列だから電流 $I = 2$A は以下どの部分にも共通。

(1)　$V_L = \omega L \cdot I = 400 \times 0.2 \times 2 = 80 \times 2 = \mathbf{160\ V}$

(2)　$V_C = \dfrac{1}{\omega C} \cdot I = \dfrac{1}{400 \times 50 \times 10^{-6}} \times 2 = 50 \times 2 = \mathbf{100\ V}$

> 電流，電圧の値は実効値

(3)　ad 間のインピーダンスは

$$Z_{ad} = \sqrt{R^2 + \left(\omega L - \dfrac{1}{\omega C}\right)^2} = \sqrt{40^2 + (80-50)^2} = 50\ \Omega$$

　　$\therefore$ 　$V_{ad} = Z_{ad}I = 50 \times 2 = \mathbf{100\ V}$

Miss　$V_{ad} = V_R + V_L + V_C$ としてはいけない。瞬間の電圧なら，部分の和は全体に等しい。しかし，実効値は最大値につながる量だ。3 つの部分の電圧は同時には最大にならない。だから足すわけにいかないんだ。
そして，$Z = R + \omega L + 1/\omega C$ も成立しない。

⑷　bd 間のインピーダンスは

$$Z_{bd} = \left| \omega L - \frac{1}{\omega C} \right| = 80 - 50 = 30\ \Omega$$

$$\therefore\quad V_{bd} = Z_{bd}I = 30 \times 2 = \mathbf{60\ V}$$

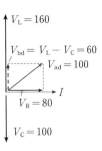

$V_L = 160$

$V_{bd} = V_L - V_C = 60$

$V_{ad} = 100$

$V_R = 80$

$V_C = 100$

以上をベクトルでみると右のような関係になっている。直列だから電流ベクトルが共通で，それに対して各電圧ベクトルを描いている。ベクトルの長さはここでは実効値としている（$\sqrt{2}$ 倍のコピーをとれば最大値関係になる）。

ちょっと一言　インピーダンス Z の式はこのような図から求められている。

$$V_R = RI, \quad V_L = \omega LI, \quad V_C = \frac{1}{\omega C}I$$

$$\therefore\quad V(=V_{ad}) = \sqrt{V_R{}^2 + (V_L - V_C)^2} = \sqrt{R^2 + \left(\omega L - \frac{1}{\omega C}\right)^2} \cdot I$$

82　実線はある素子にかけた電圧 v を，点線は流れる電流 i を示す。周波数と電圧の実効値はいくらか。素子は抵抗，コイル，コンデンサーのうちどれか。抵抗なら抵抗値，コイルならインダクタンス，コンデンサーなら容量で答えよ。

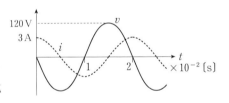

83*　電源電圧が $v = V_0 \sin \omega t$ で表されるとき，それぞれの素子を流れる電流を時間 t の関数として表せ。回路の消費電力（時間的平均値）はいくらか。

また，全電流は $i = (\mathcal{P}) \sin \omega t + (\mathcal{A}) \cos \omega t$ と表される。(ア)，(イ)を埋めよ。

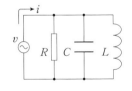

84　R, L, C 直列回路で，交流電圧は変えないで周波数 f を変えていくと，ある周波数 f_0 で電流の実効値が最大になる（共振）。f_0 を求めよ。

85*　発電所が高電圧で送電する理由を簡潔に（20字以内で）述べよ。

86*　p 118 の変圧器で，$\dfrac{V_1}{V_2} = \dfrac{N_1}{N_2}$ が成り立つ理由を 60 字以内で述べよ。鉄心を通る磁束は同じとする。

◆ 電気振動

コンデンサー ＋ コイル ⇒ 電気振動

1 4つの図を描き，与えられた状況に対応する図を見つける。

2 電流，電圧の最大値はエネルギー保存則で

3 コンデンサーとコイルの電位差はたえず等しいことにも注目

解説

　充電したコンデンサーにコイルをつなぎ，スイッチを入れると，電気振動が始まり，周期 $T = 2\pi\sqrt{LC}$ の交流電流が流れる。これはコンデンサーの放電の性質とコイルの自己誘導(電流を維持しようとする性質)がうまくかみ合って起こる現象だ。スイッチを入れた後，$\frac{1}{4}$ 周期ごとの様子を示す4つの図を作ってみよう。

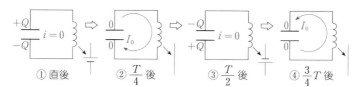

① 直後 ⇒ ② $\frac{T}{4}$ 後 ⇒ ③ $\frac{T}{2}$ 後 ⇒ ④ $\frac{3}{4}T$ 後

状況を説明しておこう。

①→②……コンデンサーは放電を始めるが，コイルは素直に電流を通してくれない。0から少しずつ増え，②でやっと最大値 I_0 までになった。このときコンデンサーは完全に放電して電気量は0。

②→③……電流を流しているコイルは流し続けようとする。そのためコンデンサーを逆向きに充電してしまう。

③→④……③は①と物理的に同じだから，今度は反時計回りに電流が流れ始めてやがて最大となる(④)。そして④→①と戻って1周期 T が終わる。

電流の時間変化

エネルギー保存則　　コンデンサーとコイルは電力を消費しないので，次のエネルギー保存則が成り立つ。

$$\text{(静電エネルギー)} + \left(\begin{array}{c}\text{コイルに蓄えられる} \\ \text{磁場のエネルギー}\end{array}\frac{1}{2}Li^2\right) = \text{一定}$$

ちょっと一言　現実には回路にわずかとはいえ抵抗があるからジュール熱が発生して振動は減衰していく。

　　また，回路から周波数 f の電磁波（この場合は電波）が放出されるが，そのエネルギーはわずかなので無視している。

f は T の逆数に等しく　$f = \dfrac{1}{2\pi\sqrt{LC}}$〔Hz〕

これを回路の**固有周波数**とよぶ。放送局はこの式によって周波数を決めている。

High　なぜ電磁波が出るかは高校の範囲を超えてしまうが，「荷電粒子が加速度運動をすると電磁波を出す」という性質があるためだ。この場合は電子が行ったりきたり，単振動のような加速度運動をしている。

Q&A

Q　周期の式は導き出せますか。

A　交流の知識で出せるよ。ab 間はたえず等電位，cd 間も同様だから，ad 間と bc 間，つまりコンデンサーとコイルの電位差はたえず等しい。すると電圧の最大値 V_0 も共通（要するに並列なんだ）。一方，流れる電流はコイルもコンデンサーも同じ（2 つは直列でもある）。当然，最大値 I_0 は同じ。

コンデンサー：$V_0 = \dfrac{1}{\omega C}\cdot I_0$　　コイル：$V_0 = \omega L \cdot I_0$

この 2 つが両立するためには　$\dfrac{1}{\omega C} = \omega L$　　∴　$\omega = \dfrac{1}{\sqrt{LC}}$

よって　$T = \dfrac{2\pi}{\omega} = 2\pi\sqrt{LC}$

振動回路は 直列かつ並列 というおもしろい性質をもっているんだよ。

High　電気振動は，ばね振り子と対応させることができる。エネルギー保存則を見ると，「$\dfrac{q^2}{2C} + \dfrac{1}{2}Li^2 = $ 一定」と「$\dfrac{1}{2}kx^2 + \dfrac{1}{2}mv^2 = $ 一定」

$\dfrac{1}{C} \leftrightarrow k,\ L \leftrightarrow m$ という対応だ。これからばね振り子の周期 $T = 2\pi\sqrt{\dfrac{m}{k}}$

の $k,\ m$ を対応関係で置き換えてみると，

$$T = 2\pi\sqrt{\dfrac{L}{1/C}} = 2\pi\sqrt{LC}\ !$$

こんなことができるのは，$q \leftrightarrow x$，$i \leftrightarrow v$ の対応が見かけだけのものでなく，$i = \dfrac{\varDelta q}{\varDelta t} \leftrightarrow v = \dfrac{\varDelta x}{\varDelta t}$ というつながりをもつためだ。

EX　電気容量 C 〔F〕のコンデンサーを電圧 V 〔V〕で充電し，自己インダクタンス L 〔H〕のコイルにつなぎ，スイッチを閉じる。コイルを流れる電流が最大になるまでの時間，電流の最大値 I_0，およびそのときのコイルの電圧を求めよ。

解　解説の①から②への変化だから　$\dfrac{T}{4} = \dfrac{\pi}{2}\sqrt{LC}$ 〔s〕

エネルギー保存則より　$\dfrac{1}{2}CV^2 = \dfrac{1}{2}LI_0{}^2$　∴　$I_0 = V\sqrt{\dfrac{C}{L}}$ 〔A〕

コイルはコンデンサーと同じ電位差であり，②ではコンデンサーは完全に放電しているから電圧は **0** 〔V〕

（**別解**）　$v = -L\dfrac{di}{dt}$ において，i は最大なので

$\dfrac{di}{dt} = 0$ （電流グラフの傾きが0）　∴　$v = 0$

87　EXにおいて，スイッチを閉じた直後，および電流が $\dfrac{1}{2}I_0$ のときのコイルの電圧はいくらか。

88＊　起電力 E の電池と容量 C のコンデンサー，インダクタンス L のコイルを用いた図のような回路がある。スイッチ S は閉じられている。コンデンサーの電気量はいくらか。また，S を切ると電気振動が始まる。コンデンサーの電圧の最大値はいくらか。

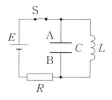

89＊　前問で，上の極板 A の電位が最大となるまでの時間はいくらか。

◆　電磁波

　電磁波では図の赤矢印のような電場の変動が伝わる。ある一点に注目すると，波が進む向きに垂直な方向で電場ベクトル $\vec{E}$ が大きさと向きを変える。こうして横波として伝わる。電場と同時に磁場 $\vec{H}$ も変動しながら伝わり，$\vec{E}$ と $\vec{H}$ は直交している。

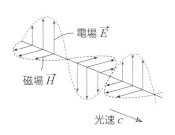

　波長によって名称が異なるだけでなく，物質に対する作用も異なる。たとえば，赤外線は目には見えないが物を温め，紫外線は殺菌作用をもつ。また，X 線は物質を透過しやすくレントゲンとして利用されている。「光」は狭い意味では可視光線だが，電磁波の意味で用いられることも多い。

電磁波

電　波	赤外線	可視光線	紫外線	X　線	γ　線

波長 λ ⟵

⟶ 振動数 f

$$c = f\lambda$$

　※　原子分野では f の代わりに ν をよく用いる。

ちょっと一言　　上図では $\vec{E}$ は１つの平面内で振動し，**偏光**とよばれる。自然光はあらゆる方向の偏光から成っているが，偏光板を用いれば，ある方向の偏光だけを透過させることができる。これは光が横波であることの実験的証拠となっている。

High　磁場の変動が電場を生み出すことは問題74で扱った。一方，電場の変動は磁場を生み出すことが知られている。電磁波はこの両者の連動で伝わっていく。

　電磁波は真空中が最も伝わりやすく，媒質を必要とするふつうの波とは一線を画している。

VII　電磁場中の荷電粒子の運動

◆　電場中の荷電粒子の運動

> ～～～～～～～　一様な電場中での運動　～～～～～～～
>
> **1**　静電気力から粒子の加速度 a を決める。
>
> **2**　放物運動のイメージで対処する。
> 　　　電場に垂直な方向は等速　　　電場方向は a での等加速度

解説

　一様な電場は，コンデンサーに電圧 V をかけることによりつくれる（$d \ll l$ とする）。

　電場の強さは　$E = \dfrac{V}{d}$

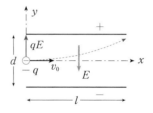

　粒子の電荷の大きさを q とすると，受ける静電気力は qE であり，運動方程式は

$$ma = qE \quad \therefore \quad a = \frac{qE}{m} = \frac{qV}{md}$$

　ここまで決めれば，後は放物運動と同じこと。極板と平行方向（x 方向）は力が働かないので等速運動，極板に垂直な方向（y 方向）は a の等加速度運動として扱えばすんでしまう。もちろん軌道は放物線を描く。一般に <u>加速度一定なら放物線</u>。

ちょっと一言　電子やイオンなどミクロな粒子の場合には，重力より静電気力やローレンツ力の方が圧倒的に大きいので，重力は無視してよい。

EX　質量 m，電荷 $-e$ の電子を初速 v_0 で原点 O から x 軸に沿って極板間の中央に打ち込んだ。極板間の電圧は V，極板間隔は d，極板の長さは l である。電子は点 A で極板間を抜け，距離 L 離れた蛍光板上の点 B に現れた。

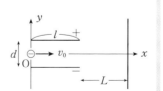

(1)　点 A での速度の x，y 成分を求めよ。

(2)　点 B の y 座標を求めよ。

解 (1) x 方向は等速だから　$v_x = v_0$　A に達するまでの時間は　$t = \dfrac{l}{v_0}$

y 方向は　$ma = eE = e\dfrac{V}{d}$　より　$a = \dfrac{eV}{md}$　$\therefore$　$v_y = at = \dfrac{eVl}{mdv_0}$

(2) A の y 座標は　$y_A = \dfrac{1}{2}at^2 = \dfrac{eVl^2}{2mdv_0{}^2}$

AB 間には電場がなく，電子は点 A の速度で等
速度運動をするから

$$D = L\tan\theta = L\dfrac{v_y}{v_0} = \dfrac{eVlL}{mdv_0{}^2}$$

テクニック！

$$\therefore\quad y_B = y_A + D = \dfrac{eVl(l+2L)}{2mdv_0{}^2}$$

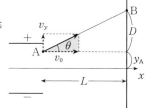

知っておくとトク　y_B は V に比例している。これは電圧の時間変化を画面上で見る
オシロスコープの原理となっている。

90 **EX** で電子の初速 v_0 を変えていくとき，電子が極板間を通り抜けるための条
件を求めよ。

91 陰極板上の $x=0$ と $x=l$ に小穴 O と A があり，
小穴 O に質量 m，電荷 $+q$ をもつ粒子を 45° の角
度で打ち込んだ。極板間の電位差を V，間隔を d と
する。A を通り抜けるための初速 v_0 を求めよ。上
の極板との衝突は考えなくてよい。

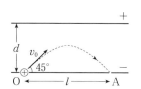

◆ 電場による荷電粒子の加速・減速

━━━━ 電場による加速・減速 ━━━━

1 加速か減速かは状況で判断する。

2 （電荷の大きさ）×（電位差）だけ運動エネルギーが変わる。

解説

　電場方向に直線運動させれば，荷電粒子を加速
したり，減速したりすることができる。

　図のように極板 A にあけられた小穴を初速 v_0

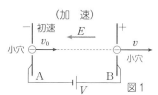

で通り抜けた電子は左向きの電場により右向きの静電気力を受け加速される。B
に達したときの速さ v を求めてみよう。A の電位を 0 〔V〕とすると B の電位は
$+V$ 〔V〕だから，エネルギー保存則より

$$\frac{1}{2}m\,v_0{}^2+(-e)\times 0=\frac{1}{2}m\,v^2+(-e)\times V$$

とやるのが p 38 で学んだ正攻法だが，なにしろ手間がかかる。

　そこで，まず負電荷の電子はプラス極に引きつけられるから加速と読み取る。
すると，（電荷の大きさ）×（電位差）＝eV だけ運動エネルギーが増えるから

$$\frac{1}{2}m\,v_0{}^2+eV=\frac{1}{2}m\,v^2 \quad こうして\ v\ は簡単に求められる。$$

　図 2 は減速の場合で，eV だけ減少するから

$$\frac{1}{2}m\,v_0{}^2-eV=\frac{1}{2}m\,v^2$$

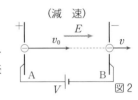

（減　速）

ちょっと一言　電位差 V 〔V〕は 1 C に対する位置エ
　　　　ネルギーの差である。q 〔C〕なら qV 〔J〕の差
　　　　というわけだ。
　　　　　この考え方は直線運動に限らず使えるので
　　　活用するとよい。ただ，加速か減速かはしっかり見極めること。

電子ボルト〔eV〕　　　電子を 1 V の電位差で加速したときの運動エネルギー
を 1 電子ボルト（1 eV）という。原子分野で用いられるエネルギーの単位
だ。

$$\mathbf{1\,(eV)}=e\,\text{〔C〕}\times 1\,\text{〔V〕}=e\,\text{〔J〕}$$

92　図 1 で電子の初速 v_0 を 0 とする。B に達したときの速さはいくらか。

93　図 2 で極板 B に達したときの電子の速さを 0 にしたい。V をいくらにすれ
　　ばよいか。

◆　**磁場中の荷電粒子の運動**

```
一様な磁場中での運動

1  ローレンツ力の大きさと向きを決める。

2  磁場に垂直な面内では等速円運動
   （磁場方向は等速運動）
```

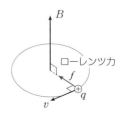

解説

　　速さ v で磁場に垂直に入射した場合が基本となる。ローレンツ力 f は qvB で，これが向心力となって等速円運動をするから<u>ローレンツ力の矢印の先に円の中心がある</u>。そこで回転の向きも決まる。電荷が ＋ か － かで正反対になるので注意が必要。いずれにしろ，<u>磁力線を取り巻くように回る</u>。

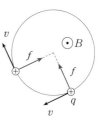

　　では，円の半径 r はというと，円運動の式　$m\dfrac{v^2}{r}=qvB$　より　$r=\dfrac{mv}{qB}$

速いほど半径が大きいことが分かる。また，周期 T は，1周 $2\pi r$ を速さ v で割ればよいから　$T=\dfrac{2\pi r}{v}=\dfrac{2\pi m}{qB}$　$\boxed{v\text{によらず一定！}}$

Q&A

Q　等速円運動になる理由は？

A　ローレンツ力はたえず速度と直角に働くので仕事をしない（微小区間に分けると力と移動方向はたえず直角）。つまり，粒子の運動エネルギーを増やしも減らしもしない。だから等速運動となる。
　　ただ速度の向きは変えていく。それも速度に直角な一定の力だから向心力になれるんだ。

Q　一様な磁場という制限は"一定の力 qvB"を保証している……すると完全に一様でなくても，円軌道上で一様であればいいんですね。

A　その通り。一様でなくても次のことはいえるよ。

ローレンツ力は仕事をしない ⇒ 磁場内は速さ一定

　　磁場に対して斜めに入射するときは，速度ベクトルを磁場方向の u と垂直方向の v に分解して考える。磁場に垂直な面内（正確には投影した面）では v を用いて上と同じく円運動。ローレンツ力は磁場方向には働かないから，磁場方向は u で等速運動をする。合わせてみると，結局，らせんを描くことになる。

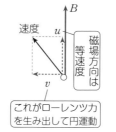

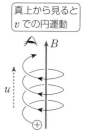

ちょっと一言　ローレンツ力は速度ベクトルと磁場いずれにも
垂直となる（$\vec{v}$, $\vec{B}$ 2つのベクトルを含む平面に
垂直となる）。だから磁場方向には力は働かない。

EX　$+y$ 方向に磁束密度 B の一様な磁場がある。質量
m, 電荷 $-e$ の電子を原点 O から初速 v_0 で打ち出
した。速度の向きは xy 面内で y 軸から角 θ の向き
である。

(1)　xz 面に投影した運動の様子を示せ。

(2)　電子が y 軸上に現れる位置の間隔 L を求めよ。

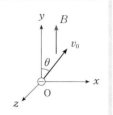

解　(1)　磁場に垂直な面内では $v_0\sin\theta$ で等速円運動をする。
点 O でのローレンツ力は $-z$ の向きとなっているから
円の中心は $z<0$ の位置にある。

$$m\frac{(v_0\sin\theta)^2}{r}=e(v_0\sin\theta)B$$

$$\therefore\quad r=\frac{mv_0\sin\theta}{eB}$$

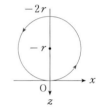

(2)　電子は1回転するごとに y 軸上に戻る。周期 T は

$$T=\frac{2\pi r}{v_0\sin\theta}=\frac{2\pi m}{eB}$$

y 軸方向には $v_0\cos\theta$ の等速で動くから　　$L=v_0\cos\theta\cdot T=\dfrac{2\pi mv_0\cos\theta}{eB}$

94　磁束密度 B の磁場中を半径 r で円運動している電子（質
量 m, 電荷 $-e$）がある。向きは時計回りか, 反時計回り
か。電子の運動エネルギーはいくらか。

95*　図のような磁束密度 B の磁場中で, 原点 O から x 軸
に垂直に速さ v で打ち出された α 粒子（${}_2^4$He の原子核）
が初めて x 軸上に戻ったときの座標とそれまでの時間を
求めよ。陽子, 中性子の質量は等しく m, 電気素量を e
とする。

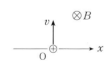

96*　前問で, α 粒子を x 軸から $60°$ の方向（斜め右上）に速さ v で原点 O から打ち
出した場合について答えよ。

◆　電磁場中での荷電粒子の運動のまとめ

> 一様な電場 ⇨ **放物運動**(直線運動を含む)
> 一様な磁場 ⇨ **等速円運動**(斜め入射のときはらせん運動)

電磁場中での等速直線運動

電場に対して磁場を垂直にかけると粒子を等速度
運動させることができる。力のつり合いより

$$qE = qvB \qquad \therefore \quad E = vB$$

これは大変よく出るシチュエーション。

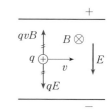

97　電圧 V, 間隔 d の極板間で, 速さ v の電子(電荷 $-e$)を直進させたい。かけるべき磁場の向きと磁束密度 B を求めよ。

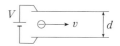

98*　辺の長さ a, b, c の半導体に電流を流し, 磁束密度 B の磁場を垂直にかけると, 電流の担い手である電荷はローレンツ力を受け, 側面(α または β)に寄ってくる。そのため α, β は帯電し, $\alpha\beta$ 間に電場が生じる。これによる静電気力が
ローレンツ力とつり合うようになると, 残りの
電荷は何事もなく平均の速さ v で動き, 電流となって流れる。電流の担い手が
(1)電子, (2)ホール(正孔ともいい, 電荷は $+e$)の各場合について, α と β の
どちらが高電位側になるか。また, $\alpha\beta$ 間の電位差 $V_{\alpha\beta}$ を求めよ。

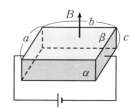

原 子

ここでの約束：

♣ 真空中での光速を c とする。
♣ 電気素量を e とする。
♣ プランク定数を h とする。

I　粒子性と波動性

◆　光電効果

　金属に光を当てると、電子が飛び出す現象が**光電効果**だ。金属内の自由電子は陽イオンから引力を受けているためエネルギーをもらわないと外へ出られない。そのエネルギーを光が与えてくれたというわけだ。ここまでは素直な話。

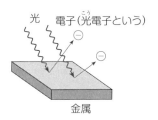

光　電子(光電子という)

金属

> ちょっと一言　実験で電子を扱うときにはふつう金属を暖める。熱エネルギーをもらって電子が出てくるので熱電子という。

　ところが、光電効果の実験から分かった次のような事実は光を波と考えたのでは説明のつかないものだった。
　光の振動数を ν とすると、ある**限界振動数** ν_0 があって

❶　$\nu < \nu_0$ では光の強さ(明るさ)によらず起こらない。

❷　$\nu > \nu_0$ なら起こり、弱い(暗い)光でも直ちに電子が飛び出す。

❸　飛び出す電子の運動エネルギーはいろいろであるが、最大の値 $\frac{1}{2}mv_{\max}^2$ は光の強さによらず、ν で決まる。

　アインシュタインは、光は粒子の性質(**粒子性**)をもち、1つの粒子(**光子**という)は**プランク定数** h と振動数 ν の積で決まるエネルギーをもっているとして、この問題を解決した。

光子のエネルギー　$h\nu$

　光電効果では光子はこれだけのエネルギーを電子に与えて自身は消滅してしまう。電子は $h\nu$ の一部を金属の外へ出るのに使い、残りを外での運動エネルギーにする。光電効果のエネルギー保存則は

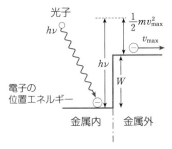

光子
$h\nu$

$\frac{1}{2}mv_{\max}^2$
$v_{\max}$

$h\nu$

電子の
位置エネルギー

W

金属内　金属外

$$\frac{1}{2}mv_{\max}^2 = h\nu - W \quad \cdots\cdots\cdots \mathbf{A}$$

W は**仕事関数**とよばれ，金属内の電子が外へ出るのに最小限必要なエネルギーで，金属の種類で決まってくる。

> ちょっと一言　分かりやすくいえば，関所の通行料。表面近くの電子は W だけ支払えば外に出られる。が，深くにある電子はもっと多く支払わないといけない。するとそんな電子の残金（運動エネルギー）は少なくなる。だからいろんな速さの電子が出るが，**A**は最大の速さの電子に対する式だ。これは記憶にとどめてほしい。

光電効果は**A**につきるといってもよい。**A**の左辺は 0 以上だから，振動数 ν はある ν_0 以上でなければならないことが分かる。

$$h\nu_0 = W \quad \cdots\cdots\cdots\cdots\cdots \mathbf{B}$$

このときは $v_{\max}=0$ で，金属の表面近くの電子だけなんとか外へ出られたという状況だ。限界振動数 ν_0 は仕事関数と関係していたのである。

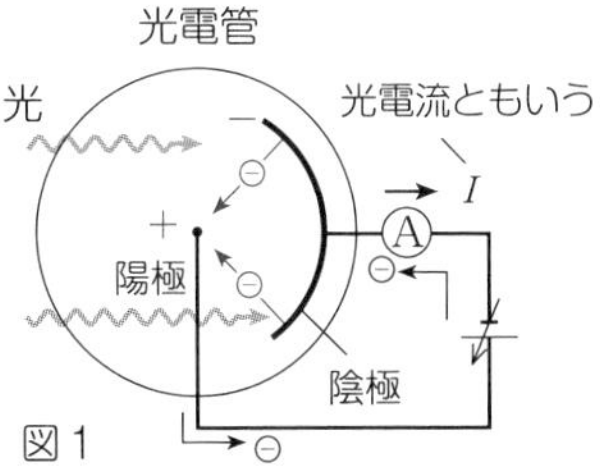

<u>光の強さ（明るさ）を増すことは，光子の数を増すこと</u>だ。当然，飛び出す電子の数は増すけれど，1 個 1 個の光子のもつ $h\nu$ に変わりはないから**A**より $v_{\max}$ は変わらない。こうして実験結果が説明できる。

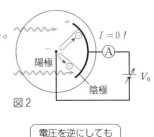

図1

図2

> 電圧を逆にしても陽極，陰極の呼び名はそのまま

さて，電子は目に見えないので，光電効果が起こったかどうかは図1のように電圧をかけ，電子を引きつけ電流としてキャッチして調べる。また，電圧のかけ方を逆にして大きくしていくと，やがて電流計の針が振れなくなる（図2）。$v_{\max}$ の電子でさえ U ターンしたというわけだ。このときの電位差 V_0（阻止電圧）を用いれば，p 127 のように　$\dfrac{1}{2}mv_{\max}^2 - eV_0 = 0$

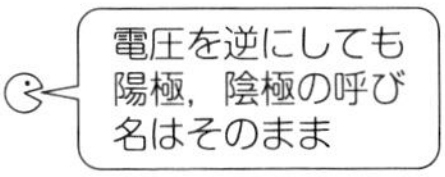

$$\therefore \quad \frac{1}{2}mv_{\max}^2 = eV_0 \quad \cdots\cdots\cdots \mathbf{C}$$

こうして電子の運動エネルギーの最大値や $v_{\max}$ が測定できる。

光電効果のグラフと装置図

◇ ν 一定で電圧 V を変え, I を調べる

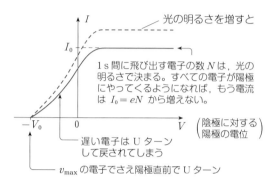

1 s 間に飛び出す電子の数 N は, 光の明るさで決まる。すべての電子が陽極にやってくるようになれば, もう電流は $I_0 = eN$ から増えない。

遅い電子は U ターンして戻されてしまう

v_{max} の電子でさえ陽極直前で U ターン

◇ ν を変え, $\dfrac{1}{2}mv_{max}^2$ を調べる

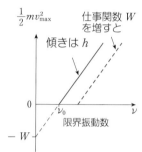

◇ 電圧 V の正・負をつくる装置

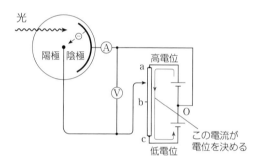

光

この電流が電位を決める

陰極の電位は点 O と同じ。それを 0 V とすると, 中点 b もまた 0 V。スライド接点を ab 間に置けば陽極の電位は正, bc 間に置けば負にできる。

A より $\dfrac{1}{2}mv_{max}^2 = h\nu - W$

こうして傾きが h, 縦軸切片が $-W$ と分かる。

縦軸は V_0 とすることもある。
A, **C** より

$eV_0 = h\nu - W$

$\therefore \quad V_0 = \dfrac{h}{e}\nu - \dfrac{W}{e}$

すると, 傾きは $\dfrac{h}{e}$, 切片は $-\dfrac{W}{e}$ となる。要は式を動かし, グラフと対応させて考えること。

Q&A

Q 波動説の致命傷(ちめいしょう)は何だったんですか。

A 光電効果の本質はいかにして電子にエネルギーを与えるかだね。波動説の立場では, 波が運ぶエネルギーは振幅による(振幅の 2 乗に比例する:姉妹編 p 116)。主役を演じるはずの振幅だが, 実験結果 ❶〜❸ まで活躍しているのは振動数 ν だ。それに, 波動説で計算してみると電子が飛び出すのに何十分もかかってしまうはずの弱い光でも, 実際には電子は直ちに飛び出すんだ。

Q 粒子説だと直ちに飛び出せるんですか。

A 妙なたとえだけど，コーヒー豆 100 粒と，別に 100 粒を引いて粉にし，さらにアメリカンコーヒーにしたものがあるとしよう。それらを金属板に降り注ぐ。電子はコーヒー豆 1 粒分のコーヒー成分を集めると出てこられるとすると，どちらから先に出てくるかな？

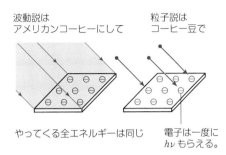

波動説はアメリカンコーヒーにして

粒子説はコーヒー豆で

やってくる全エネルギーは同じ

電子は一度に $h\nu$ もらえる。

Q そりゃ豆の方ですよ。あっ，そうか。波動説はエネルギーを分散しているのに粒子説では凝集させているから一度にドカッと電子に与えられるんだ。それですぐ飛び出してくるというわけですね。

1 仕事関数 2.0 eV の金属の光電限界波長は何 m か。また，波長 3.0×10^{-7} m の光を当てるとき，光電子の運動エネルギーの最大値は何 J か。阻止電圧は何 V か。$c = 3.0 \times 10^{8}$ m/s, $h = 6.6 \times 10^{-34}$ J·s, $e = 1.6 \times 10^{-19}$ C とする。

2 ある振動数の光を光電管の陰極に当て，陰極に対する陽極の電位 V を変化させて光電管を流れる電流 I を測ったら，太線を得た。次の場合，グラフはどのようになるか。①〜⑤ から選べ。
(1) 光の明るさを 2 倍にする。
(2) 光の振動数を増す。

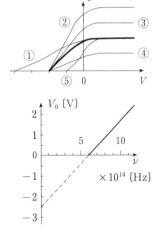

3* 光電管の陰極に当てる光の振動数 ν によって阻止電圧 V_0 がどう変わるかを調べた。陰極の仕事関数 W とプランク定数 h を求めよ。$e = 1.6 \times 10^{-19}$ C とする。
　また，陰極を仕事関数 $W/2$ のものと取り換えて行った場合のグラフを図に描き込め。

4* 波長 λ_1 のときの阻止電圧が V_1，波長 $\lambda_2 (>\lambda_1)$ のときが V_2 である。プランク定数 h と仕事関数 W を求めよ。

◆ コンプトン効果

　光子が電子に衝突すると，力学での 2 球の弾性衝突のような現象が起こる。これをコンプトン効果といい，光電効果と並んで光が粒子性をもつことの実験的根拠となっている。

　このとき，運動量保存則とエネルギー保存則が成り立つ。

光子の $\begin{cases} \text{エネルギー} & E = h\nu \\ \text{運動量} & p = \dfrac{h}{\lambda} = \dfrac{h\nu}{c} \end{cases}$

を用いて，両保存則の式を書けばよい。

> 衝突後は波長が長くなる。それはエネルギー保存則からして明らか。

　ちょっと一言　光子の質量は 0，速さは光速 c で一定である。$h\nu$ は運動エネルギーではない。

　　　　　　　　運動量の導出は高校の範囲では無理。形は 2 通りともよく使うので覚えておきたい（$c = \nu\lambda$ で書き換えられるが）。

EX　上図のように，波長 λ の X 線光子が静止した質量 m の電子に当たり，λ' となって θ 方向へ，電子は速さ v となって ϕ 方向へ進んだ。x, y 方向での運動量保存則と，エネルギー保存則を書け。　次に ϕ, v を消去し，$\varDelta\lambda = \lambda' - \lambda$ を θ, m, c, h で表せ。$\lambda' \fallingdotseq \lambda$ なので $\dfrac{\lambda'}{\lambda} + \dfrac{\lambda}{\lambda'} \fallingdotseq 2$ を用いよ。

解　運動量保存則　x 方向　$\dfrac{h}{\lambda} = \dfrac{h}{\lambda'}\cos\theta + mv\cos\phi$ …………①

　　　　　　　　　　　y 方向　$0 = \dfrac{h}{\lambda'}\sin\theta - mv\sin\phi$ …………②

　　エネルギー保存則　$h\dfrac{c}{\lambda} = h\dfrac{c}{\lambda'} + \dfrac{1}{2}mv^2$ ……③

> ③より $\lambda < \lambda'$

$\cos^2\phi + \sin^2\phi = 1$ を用いて，①，②より ϕ を消去する。

$$(mv\cos\phi)^2 + (mv\sin\phi)^2 = \left(\frac{h}{\lambda} - \frac{h}{\lambda'}\cos\theta\right)^2 + \left(\frac{h}{\lambda'}\sin\theta\right)^2$$

$$(mv)^2 = \frac{h^2}{\lambda^2} - 2\frac{h^2}{\lambda\lambda'}\cos\theta + \frac{h^2}{\lambda'^2}$$

③を　$hc\left(\dfrac{1}{\lambda}-\dfrac{1}{\lambda'}\right)=\dfrac{(mv)^2}{2m}$　と変形し，上式を代入。さらに両辺に $\lambda\lambda'/hc$ を掛け，整理すると

$$\lambda'-\lambda=\frac{h}{2mc}\left(\frac{\lambda'}{\lambda}+\frac{\lambda}{\lambda'}-2\cos\theta\right)\fallingdotseq\frac{h}{mc}(1-\cos\theta)$$

Miss　波長でなく振動数 ν' で扱うこともある。その場合，$\dfrac{h\nu'}{c}$ の c は定数。成分の場合は $\dfrac{h\nu'}{c\cos\theta}$ などとしてはいけない。$\dfrac{h\nu'}{c}\cos\theta$ とすること。

High　波動説では，入射波と散乱波とで波長が変わることはない。電磁波とすると，変動する電場が電子を振動させ(荷電粒子に加速度運動をさせ)，新たに電磁波を出させる(p 123)。それらの振動数はすべて一致するはずなのだ。

5　エネルギー E の X 線光子の運動量 p を E，c で表せ。

6*　静止している質量 m の電子に振動数 ν の光子が衝突し，電子を動かした。光子は ν' となって反対方向へ戻った。電子の速さ v を ν，m，c，h で表せ。

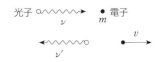

Q&A

Q　波動の分野では，光は回折や干渉を示すから波だと教わり，光電効果やコンプトン効果では粒子だといわれます。結局の所，光は何なんですか。

A　波動でもあり，粒子でもある。いわば混然一体とした存在なんだ。二重性と呼んでいるよ。それがある現象では波動性を前面に出し，別の現象では粒子性が顔を出す。たとえてみると，人には善の面と悪の面がある。いいこともするし，悪いこともする。でも，人は善とか悪とか一方には決めつけられないね。

　　光子に限らず，電子，陽子，中性子などミクロな世界では二重性が見られる。実は，波とか粒子とか我々のマクロな世界での経験からできあがった概念をミクロな世界まで押し通そうというところに無理があるんだけどね。

7**　光子は運動量 $\dfrac{h\nu}{c}$〔kg·m/s〕をもつので，光が板に当たると板は圧力(光圧)を受ける。いま，振動数 ν〔Hz〕の光が毎秒 L〔J〕の割合で板に垂直に当たっているものとする。板が光を完全に吸収する場合，板の受ける力は (1)〔N〕であり，板が光を完全に反射する場合には (2)〔N〕となる。

◈ 物質波

光が二重性を示したように，電子などの粒子も波動性を示すことがある。そのときの波を物質波といい，波の波長 λ は，粒子の質量 m，速さ v で決まる。

物質波の波長（ド・ブロイ波長） $\lambda = \dfrac{h}{mv}$

> ちょっと一言 　光についての $p = \dfrac{h}{\lambda}$ を $\lambda = \dfrac{h}{p}$ とし，粒子の場合は運動量 $p = mv$ であることから，ド・ブロイが推論で出した式だ。実験的には次のブラッグ反射などで確かめられている。

◈ ブラッグ反射

ここは波動性の話である。結晶に波長 λ の X 線や電子線を当てると，各原子配列面（間隔 d）で反射した波が干渉し，次式を満たす照射角 θ のとき，強い反射が起こる。

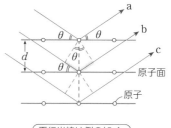

ブラッグの条件 　 $2d\sin\theta = n\lambda$
$(n = 1,\ 2,\ 3,\ \cdots\cdots)$

図の a と b の経路差は赤色部で表され，$d\sin\theta$ の2倍であり，b と c……の経路差も同じだから，すべての原子面で反射した波が強め合う。なお，反射による位相変化はすべての原子面で共通なので影響しない。

> 平行光線は例の如く垂線を下ろす要領だ。θ は入射角ではない。

> ちょっと一言 　細かくいうと，各原子を点波源として広がる球面波（散乱波）が干渉するのだが，原子面で鏡のように反射したとして取り扱ってよい。右のように原子が真下の位置になくてもよい。

この場合も間隔は d

EX　電子線を結晶に照射する。電子線は静
止した電子(質量 m，電荷 $-e$)を電圧 V
で次々に加速した電子の流れである。角
θ を 0 から次第に大きくしていくと，
$\theta=30°$ で初めて強い反射が起こった。結晶の原子面間隔 d を求めよ。
また，次に強い反射が起こるのは θ がいくらのときか。

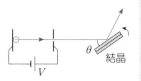

解　$\dfrac{1}{2}mv^2=eV$　より　$v=\sqrt{\dfrac{2eV}{m}}$　$\therefore$ $\lambda=\dfrac{h}{mv}=\dfrac{h}{\sqrt{2meV}}$

知っtrトク　$\dfrac{1}{2}mv^2=\dfrac{(mv)^2}{2m}$ と変形すると早い。λ の計算には運動量 mv がほ
しいからだ。この変形は原子分野でよく用いる。

$\sin\theta$ が 0 から増えていって"初めて"だから，$n=1$ と決まる。

$2d\sin30°=1\cdot\lambda$　……①　より　$d=\lambda=\dfrac{h}{\sqrt{2meV}}$

$2d\sin\theta=2\cdot\lambda$　……②

$\dfrac{②}{①}$ より　$\sin\theta=1$　$\therefore$ $\theta=90°$

8*　結晶への照射角 θ を一定にし，電子線の加速電圧を 0 から増していくと V_1
で初めて強い反射が起こった。次に強い反射が起こる電圧 V_2 は V_1 の何倍か。

9　間隔 d で原子が並んでいる結晶がある。X 線を当てる
と，照射角 α のとき 1 次($n=1$)のブラッグ反射が起
こった。X 線の波長はいくらか。次に点線で示した原子
面に対しては照射角 β で 1 次の反射が起こった。$\sin\beta$
を α を用いて表せ。

10**　電子線の場合は，詳しくいうと結晶で屈折が起
こる。結晶の内部は外部より V_0 だけ電位が高いた
め電子波の波長が λ から λ' に変わることによる。
電子の質量を m，電子線の加速電圧を V とする。
(1) ブラッグ条件を ϕ, λ', d, 自然数 n で表せ。
(2) λ と λ' を V, V_0, m, e, h で表せ。
(3) 屈折の法則より $\sin\phi$ を θ, V, V_0 で表せ。

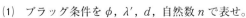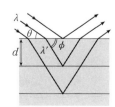

Q&A

Q　問題10の(3)では屈折率を λ/λ' で計算してますね。僕は電子の速さの比 v/v' でやったんですけど答えが違ってしまいます。

A　確かに屈折率は(入射波の速さ)/(屈折波の速さ)だったね。ところが，v，v' は粒子としての電子の速さであって，波としての速さではないんだ。

Q　えっ，何ですって！　電子が v で動いていればそれに伴う波だって当然 v でしょ。

A　駅などによくある電光掲示板を思い出してほしい。ニュースの文字が流れるね。実際は多くのランプが点滅しているだけだから，あれは模様の移動，つまり波なんだ。波としての速さは見た通り。でもランプという粒子は止まってるよ。

Q　電光掲示板自体を動かしたのが電子の速さ v で，波の速さはまた別物というわけですか。まったくミクロの世界は常識を超えてますね。

II　原子構造

◆　水素原子の構造

> ━━━━━━━━━　原子構造を解く　━━━━━━━━━
>
> **1**　クーロン力による円運動の式を立てる。　………粒子性
>
> **2**　量子条件の式　$2\pi r = n \cdot \dfrac{h}{mv}$ を立てる。　……波動性
>
> **3**　力学的エネルギーよりエネルギー準位を求める。

解説

　水素原子では，原子核(陽子)の周りを電子がクーロン力を受けて等速円運動をして回っている。電子の速さを v，半径を r，クーロン定数を k とすると

$$m\frac{v^2}{r} = k\frac{e^2}{r^2} \quad \cdots\cdots①$$

これは電子を粒子と見て立てた式だ。

　一方，電子は波動性も示し，定常波を形作る。それには1周の長さが波長の整数倍となればよく(**量子条件**)，物質波の波長 h/mv を用い，自然数を n(量子数という)とすると

$$2\pi r = n \cdot \frac{h}{mv} \quad \cdots\cdots②$$

　①，②式こそ原子構造を解く2本の大黒柱だ。2つの式の未知量は r と v である。①，②より v を消去すれば(計算は少しかかるが必ずできるように)

$$r = \frac{h^2}{4\pi^2 kme^2} \cdot n^2 (=r_n)$$

　こうして軌道半径 r は n に応じたとびとびの値しかもてないことが分かる。それぞれを**定常状態**という。

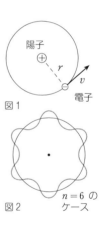

図1

図2　　$n=6$ のケース

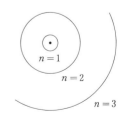

$n=1$　$n=2$　$n=3$

> ちょっと一言　最も内側の軌道は $n=1$ のときで，ふつう電子はここにいる。$r_1(=5\times10^{-11}\,\mathrm{m})$ をボーア半径という。直径で約 0.1 nm。大変小さい。

第2段階は電子の力学的エネルギー E の計算だ。位置エネルギー U は

$$U=-\frac{ke^2}{r} \quad \text{と表されるから} \quad E=\frac{1}{2}mv^2+\left(-\frac{ke^2}{r}\right)$$

v を改めて求める必要はなく，①を用いて mv^2 を $\dfrac{ke^2}{r}$ に置き換えるのがコツだ。

すると $\quad E=\dfrac{ke^2}{2r}-\dfrac{ke^2}{r}=-\dfrac{ke^2}{2r}$

上の r を代入して $\quad E=-\dfrac{2\pi^2k^2me^4}{h^2}\cdot\dfrac{1}{n^2}\ (=E_n)$

こうしてエネルギーもとびとびの値(**エネルギー準位**という)をとることが分かる。$n=1$ は最も低い状態で**基底状態**といい，$n\geqq2$ は**励起状態**という。量子数が大きいほど半径もエネルギーも大きい。

とにかく原子構造は計算はやっかいだが，ワンパターンなのだ。"2本の大黒柱"をしっかり押さえ，エネルギー E の計算テクニックを身につけておけばよい。

> ちょっと一言　U の形は自分で作れるように。クーロン力による位置エネルギーは，電位を V として，$U=(-e)V$。$-e$ は電子の電荷だ。V は陽子のつくる電位で，点電荷の電位の公式より $V=\dfrac{ke}{r}$。$+e$ は陽子の電荷だ。
> $$\therefore\quad U=(-e)\frac{ke}{r}=-\frac{ke^2}{r}$$

High　E の計算テクニックは，円運動をする人工衛星や惑星の力学的エネルギー計算にも使える。クーロン力 $\dfrac{kq_1q_2}{r^2}$ と万有引力 $\dfrac{Gm_1m_2}{r^2}$ は形が類似しているからだ。

11* 電荷 $+Ze$ の原子核(Z は原子番号)の周りを1つの電子が回っている。半径 r_n とエネルギー準位 E_n を求めよ。用いる定数は上と同じとする。

Q&A

Q 電子は図2のような波状の軌道に沿ってクネクネと回っているんですか。

A　そうじゃないよ。粒子と見る限り電子は図1のようにきれいに円を描いている。一方，波として見ると，電子は軌道全体に広がっている（下図 a）。波では電子はどこにいるか尋ねること自体が無意味なんだ。

Q　統一したイメージはもてないのですか。

A　粒子は一点にあるものだし，波は空間に広がっているものだから全く相反した状態だ。1つの図にまとめてしまうことは残念だけどできない。

Q　例の二重性というやつですね。

A　原子内の電子は粒子性 50 ％，波動性 50 ％を示しているといったらいいかな。粒子とか波とかいっても電子の一側面をとらえてのことなんだね。

Q　量子条件がよく分かりませんが。

A　図 a のように円周上に広がった波にも山や谷がある。いま，ある瞬間の波形に対して山から出発して谷，山……と順次たどっていくと（図 b），やがて元の位置で山に戻らないといけない。波は1つの点では1つの変位しかとれないからだね。すると，1周の長さ $2\pi r$ は λ の整数倍に等しいことになっているよ。

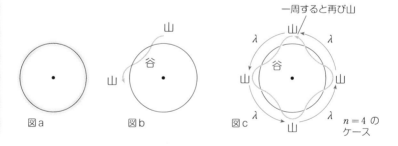

図 a　　図 b　　図 c　　$n=4$ のケース

光の放出と線スペクトル

1　$h\nu =$ エネルギー準位の差 $(E_{n'} - E_n)$

2　バルマー系列は $n=2$ へ，ライマン系列は $n=1$ へ

3　最長波長はすぐ上の準位から，最短波長は $n=\infty$ $(E_\infty = 0)$ から

解説

　　電子は n' 番目の軌道から，内側の $n(<n')$ 番目の軌道に移る際，光子を1個放出する。光子のエネルギー $h\nu$ は軌道のエネルギー準位の差に等しい。これを**振動数条件**とよぶ。こうして水素原子の出す光の振動数，いいかえれば波長はエネルギー準位の差に応じた特定の値しかとり得ないことになり，線スペクトルが説明できる。

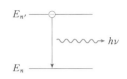

　　エネルギー準位 E_n を図示してみると，n が大きくなると準位の間隔が急激に狭くなっていくことが分かる。$n=\infty$ では $E_\infty=0$ となる。$r=\infty$ であり，電子は陽子から離れて電離している状態だ。

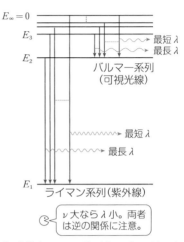

最短 λ
最長 λ
バルマー系列
（可視光線）

最短 λ
最長 λ

ライマン系列（紫外線）

ν 大なら λ 小。両者は逆の関係に注意。

ちょっと一言　$n=1$ の基底状態にある電子を電離するのに必要なエネルギーをイオン化（電離）エネルギー I という。それは $|E_1|$ に等しい。

$$I=E_\infty-E_1=-E_1$$

系列と最長波長・最短波長　　**1**よりエネルギー差が大きいほど ν が大きい。いいかえれば λ が短い（$c=\nu\lambda$ より）。バルマー系列は主に可視光線となる（だから最初に発見された）が，上の図からすぐ分かるようにライマン系列の方がエネルギー差が大きい。ゆえに波長の短い紫外線となる。$n=3$ へ移る場合はパッシェン系列とよばれるが，それが赤外線となることも同様に理解できる。赤矢印の長さは $h\nu$ に対応している。

　　各系列での最長波長はすぐ上の準位から移る場合で，最短波長が $n=\infty$ からというのも同じような判断だ。覚える必要はないはず。

光の吸収　　吸収は全く逆の過程で起こる。振動数条件を満たす光が水素原子に当たると，光子として吸収し，エネルギー準位は上に上がる。放出・吸収する光の振動数（波長）は一致している。

EX 実験によれば，水素原子が出す光の波長 λ は次式を満たす。

$$\frac{1}{\lambda}=R\left(\frac{1}{n^2}-\frac{1}{n'^2}\right)\ (n'\ は\ n\ より大きな自然数，R はリュードベリ定数)$$

一方，理論によればエネルギー準位は $E_n=-\dfrac{K}{n^2}$（K は定数）と表される。量子数 n' の軌道から n の軌道へ電子が移る際に出す光の波長を調べることにより，R を K, h, c で表せ。

解 $h\nu=h\dfrac{c}{\lambda}=E_{n'}-E_n=-\dfrac{K}{n'^2}-\left(-\dfrac{K}{n^2}\right)$ より $\dfrac{1}{\lambda}=\dfrac{K}{hc}\left(\dfrac{1}{n^2}-\dfrac{1}{n'^2}\right)$

実験式と比べると $R=\dfrac{K}{hc}$ ……①

E_n の式（p 144）から $K=\dfrac{2\pi^2k^2me^4}{h^2}$ であり，$R=\dfrac{2\pi^2k^2me^4}{h^3c}$ となる。右辺はすべて値の分かっている定数だから，R の値も計算できる。それが実験値とピタリ一致したのである。こうして理論の正しいことが示された。

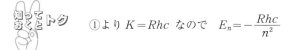 ①より $K=Rhc$ なので $E_n=-\dfrac{Rhc}{n^2}$

Q&A

Q 以上はボーアの理論ですね。振り返ってみると，電子が波動性を示すことから量子数 n が登場し，とびとびの半径やエネルギーにつながっていくんですね。単に粒子とだけ考えたのでは何がまずかったのですか。

A 前に「荷電粒子が加速度運動をすると電磁波を出す」ということを習ったね（p 123）。等速円運動も向心加速度をもつから電磁波（光）を出すことになる。すると電子はエネルギーを失っていき，だんだん回転半径が小さくなり，やがて陽子に合体してしまうはずだ。これでは水素は不安定になってしまう。もちろん現実の水素は安定だよ。

Q ボーアは，基底状態より内側の軌道はないことで安定性を説明したわけですね。

A その通り。ただ，安定性の他にもう1つ問題があった。粒子だとすると放出される光の振動数は円運動の周期の逆数に等しいはずで（電気振動では確かに周期 $2\pi\sqrt{LC}$ の逆数だったね），周期は半径によって決まる。電子を粒子とだけ考えると，どんな半径で回ってもよいから，あらゆる振動数の光を出すことになる。でも実際の水素は特定の振動数でしか光を出さないんだ。

Q　線スペクトルですね。ボーアは振動数条件でそれを解決したわけですね。光を出す機構もそれまでの常識を覆(くつがえ)したというわけですか。

A　当時確立したばかりの光子の考えを取り入れたんだ。「$h\nu =$ エネルギー準位の差」。波動性のおかげで右辺はとびとびの値しかとらないから，ν も λ もとびとびになるわけだね。

12　実験式 $\dfrac{1}{\lambda}=R\left(\dfrac{1}{n^2}-\dfrac{1}{n'^2}\right)$ よりバルマー系列の最長波長と最短波長を R で表せ。

13*　バルマー系列の最短波長はライマン系列の最長波長の何倍か。$E_n=-\dfrac{Rhc}{n^2}$ を利用せよ。

14*　基底状態の水素原子に光を当てて電離させたい。光の波長 λ に対する条件を求めよ。$E_n=-\dfrac{Rhc}{n^2}$ を用いよ。

◆ X 線の発生

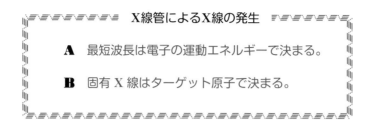

X線管によるX線の発生

A 最短波長は電子の運動エネルギーで決まる。

B 固有 X 線はターゲット原子で決まる。

解説

　コンプトン効果では粒子性が，ブラッグ反射では波動性が問題になった X 線。それは X 線管によってつくられている。電子を高電圧 V で次々に加速し陽極（ターゲットという）にぶつける装置だ。このとき 2 つの原因で X 線が発生する。

　X 線の波長と強さの関係は図 2 のようになる。強さはエネルギーを表し，光子の数に比例する。光でいえば明るさの分布だ。このような図をスペクトルという。

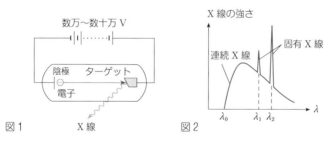

図 1　　　　　X 線　　　　図 2

連続 X 線　　これは「荷電粒子が加速度運動をすると電磁波を出す」という機構に基づく。高速の電子は陽極に入ると急激に止められ，大きな加速度が波長の短い X 線を生み出す。電子の運動エネルギーの一部が X 線光子 1 個の $h\nu$ に変わる。何％が変わるかはターゲット原子との衝突の仕方によっていろいろなケースがある。だから X 線の ν や λ はいろいろで連続スペクトルになる。残りの運動エネルギーは熱になり，陽極を熱くする。

　最短波長 λ_0 は，電子の運動エネルギー 100 ％が光子になる場合だ。

$$eV = \frac{1}{2}mv^2 = h\nu_0 = h\frac{c}{\lambda_0} \qquad \therefore \quad \lambda_0 = \frac{hc}{eV} \qquad \text{（高電圧なので電子の初速は無視）}$$

固有 X 線　　特性 X 線ともいう。陽極に飛び込んだ高速の電子がターゲット原子内の内側の軌道を回る電子をはじき飛ばすことから話が始まる。もともと 1 つの軌道を回る電子の数には制限がある。いわば定員がある。いま，1 つ空席ができ

たので，外側の軌道を回る電子が移ってくる。このとき，X線光子を出す。「$h\nu =$ エネルギー準位の差」なのでνやλはターゲット原子で決まる一定値になる。線スペクトルが現れる。

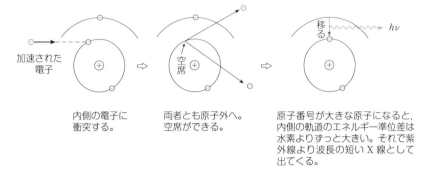

加速された
電子

内側の電子に
衝突する。

空席

両者とも原子外へ。
空席ができる。

移る

$h\nu$

原子番号が大きな原子になると，
内側の軌道のエネルギー準位差は
水素よりずっと大きい。それで紫
外線より波長の短いX線として
出てくる。

ちょっと一言　空席が生じた軌道のすぐ外側の軌道から電子が移ってくる場合の
　　　　　　　他に，もう1つ外側の軌道から移ってくる場合もあり，図2の
　　　　　　　λ_1，λ_2のように2本出ることもある。

15　X線管に$50\,\mathrm{kV}$の電圧をかけたとき発生するX線の最短波長は何nmか。
　　　$c=3.0\times10^8\,\mathrm{m/s}$，$e=1.6\times10^{-19}\,\mathrm{C}$，$h=6.6\times10^{-34}\,\mathrm{J\cdot s}$

16　加速電圧Vを上げると，図2のλ_0，λ_1，λ_2はどのように変わるか。

17　空席が生じた軌道のすぐ外側の軌道から電子が移ることによって出されたX
　　　線は図2のλ_1，λ_2のどちらか。

III　原子核

◆　原子核の構造

　原子核は非常に小さく（原子の1万分の1という小ささ），$+e$ の電荷をもつ陽子と電荷をもたない中性子からできている。陽子と中性子を総称して核子という。原子核を構成する粒子の意だ。

　　陽子と中性子の数の和　A …… 質量数

　　陽子の数　Z ……… 原子番号

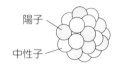

$$\begin{array}{c} A \\ Z \end{array} \boxed{\begin{array}{c}元素\\記号\end{array}}$$

　$A-Z$ が中性子の数である。A を質量数とよぶのは，陽子と中性子の質量がほとんど等しいことによる。原子では原子核の周りを Z 個の電子が取りまき，全体としては中性となる。電子の質量は陽子や中性子に比べるとはるかに小さいので原子の質量は事実上原子核で決まる。

　化学反応では電子が活躍するので，Z の違いは元素の違いとなる。元素 X に対して $^{A}_{Z}\mathrm{X}$ のように表記する。

> **ちょっと一言**　　左下の Z は省略されることもある。X と Z は1:1対応だからだ。$_{1}\mathrm{H}$, $_{2}\mathrm{He}$, $_{6}\mathrm{C}$, $_{7}\mathrm{N}$, $_{8}\mathrm{O}$ は覚えておくこと。
> 　　　　　化学では原子核の周りを回る電子を核外電子とよぶので，逆に原子核内にも電子があると思ってしまわないように。

同位体（アイソトープ）　　Z が同じで A が異なる原子どうしを同位体という。陽子数が同じで，中性子数が異なるものといってもよい。同位体は化学的性質が同じだが，質量は異なることになる。例えば，$^{1}_{1}\mathrm{H}$ と $^{2}_{1}\mathrm{H}$（重水素），$^{4}_{2}\mathrm{He}$ と $^{3}_{2}\mathrm{He}$。

核力　　クーロン力で反発する陽子があるにもかかわらず，まとまって原子核をつくれるのは核子間に核力という引力が働くためだ。核力は隣り合う核子の間ではクーロン力よりはるかに強いが，少し離れると急に弱くなる。

原子質量単位〔u〕 原子や原子核を扱うのに kg を用いていたのでは 10 の
マイナス何 10 乗という指数がついて不便。そこで核子 1 個がほぼ 1 u に
なるように決めた単位。正確には $^{12}_{6}\text{C}$ **原子の質量の** $\dfrac{1}{12}$ を 1u とする。$^{12}_{6}\text{C}$
をもち出してきたのは原子量の基準になっているからで，$^{12}_{6}\text{C}$ の原子量は
12，つまり 1 mol の $^{12}_{6}\text{C}$ 原子の質量は 12 g で，アボガドロ定数 N_A 個の原
子を含むから

$$1\,\text{〔u〕} = \frac{12 \times 10^{-3}\,\text{〔kg〕}}{N_A} \times \frac{1}{12} = \frac{1}{10^3 N_A}\,\text{〔kg〕}$$

この単位を用いると，原子や原子核の質量は質量数にほぼ等しくなる。

> <u>ちょっと一言</u> 原子量が 12 と定められている $^{12}_{6}\text{C}$ 原子 1 個は 12 u だ。というこ
> とは，原子量に u を付けるだけで各原子の質量になる。原子核
> の質量は原子の質量から電子の総質量を引けばよい。

18 天然の塩素 Cl は $^{35}_{17}\text{Cl}$ 75 ％と $^{37}_{17}\text{Cl}$ 25 ％からできている。Cl の平均原子量
はおよそいくらか。

◆ 放射性崩壊

不安定な原子核は崩壊を起こし，放射線を出す。α, β, γ の 3 つのタイプ
がある。

α 崩壊 大きな原子核では陽子間
に働くクーロン力の反発の効果で
不安定になるものがある。そして
α 線とよばれる**高速のヘリウム原
子核** $^{4}_{2}\text{He}$ を放出する。陽子 2 個，
中性子 2 個のグループは結束が強
いことによる。したがって，もと

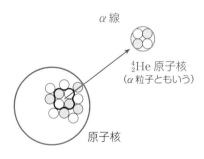

α 線

$^{4}_{2}\text{He}$ 原子核
（α 粒子ともいう）

原子核

の原子核の**原子番号は 2 減り**，**質量数は 4 減る**。

β 崩壊 中性子が多過ぎる原子核では，中性子が突如陽子に変身する。同
時に**高速の電子**が飛び出してくる。それが **β 線**だ。原子核の中では陽子が

　　1個増えたので**原子番号は1増すが，質量数は不変**。

ちょっと一言　このとき電荷保存則が成り立っている。

$$0 \quad = +e + (-e)$$

　　　　中性子　陽子　　電子

電荷保存則はミクロの世界でも例外なく
成り立つ。

γ崩壊　　原子核にもエネルギー準位があり，
高い状態から低い状態に移るとき，エネル
ギー差 ΔE に等しい $h\nu$ をもつ1個の光子
を放出する。それが**γ線**。**波長のきわめて
短い電磁波**だ。原子核の構成粒子に変わり
はないから，**原子番号，質量数ともに不変**。
α, β 崩壊に引き続いて起こることが多い。
崩壊直後の原子核はやや不安定で高いエネ
ルギー状態にあるためだ。

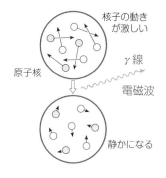

ちょっと一言　ΔE は数 MeV だ。M（メガ）は 10^6 を表す記号。MeV はメブと読
むことが多い。水素原子のエネルギー準位差は数 eV で，それが可
視光線にあたる。ΔE はその100万倍のエネルギーだから波長のき
わめて短い γ 線になる。

知っておくとトク　一般に，**原子は数 eV，原子核は数 MeV のエネルギー**をやりとり
する。たとえば光電効果の仕事関数は数 eV だ。核爆弾が化学反応
による火薬の100万倍強力だと言われる理由もこの M（メガ）の差にある。

　以上 α, β, γ での原子番号や質量数の変化は太字の結果を覚えようとする
より，α では ^4_2He **が飛び出し**，β では**中性子が陽子と電子に変わり**，γ **は単
に光を出すだけ**といったイメージを伴う知識をもっておこう。太字の結果は
考え出せる。

　　High　陽子が多過ぎて不安定な原子核では，陽子が突如中性子に変身する。こ
のとき電子と同じ質量だが電荷 $+e$ をもつ陽電子が飛び出す。

電荷保存則は　$+e =$　0　$+(+e)$

陽子　中性子　陽電子

これを β^+ 崩壊といい，区別して前のを β^- 崩壊
とよび分けることもある。β^+ はまれな崩壊だ。

Q&A

Q　ヘリウムは放射線ですか。ずいぶん危険なんですね。

A　オット，誤解しないでほしいな。${}^4_2\text{He}$ 自体が危険なんじゃない。高速で飛んでいるから危険なんだ。銃の弾丸だって止まっていればただの鉛でしょ。

Q　β 崩壊の電子はどこに潜んでいたのですか。

A　どこにもいなかったんだ。β 崩壊の際，突如出現し，原子核から飛び出して行くんだ。素粒子の世界では生成，消滅はよく見られる現象だよ。

Q　放射性原子があるとします。α, β 崩壊をするのは原子核ですね。周りの電子はどうなるんですか。

A　原子核が勝手にすることだから，周りの電子はあずかり知らぬことで，そのままなんだ。α 崩壊すれば ${}^4_2\text{He}$ 原子核によって $+2e$ の電荷が原子外へ持ち去られるから，残ったのは $-2e$ の負イオンということになるね。

電離作用と透過力

　　放射線は飛んで行くうちに周りの原子中の電子をはね飛ばしイオン化していく（電離作用）。自身はエネルギーを失ってやがて止まる。それまでに飛ぶ距離の大小を透過力という。したがって電離作用の大きなものは透過力が小さい。逆の関係だ。

	電離作用	透 過 力
α 線	大	小
β 線	中	中
γ 線	小	大

　　だからこの表を全部覚えることはない。たとえば γ 線はビル 1 つぐらい突き抜けてしまう（透過力大）と 1 個所覚えておけば，大中小は順番になっているから全体が再現できる。

19　周期表の一部を示している。
${}^{230}_{90}\text{Th}$ は α 崩壊をする。何になるか。

${}_{87}\text{Fr}$	${}_{88}\text{Ra}$	${}_{89}\text{Ac}$	${}_{90}\text{Th}$	${}_{91}\text{Pa}$	${}_{92}\text{U}$

20 ^{14}C は不安定で β 崩壊をする。何に変わるか。

21 ラジウム $^{225}_{88}$Ra が β 崩壊をした後，α 崩壊をした。何に変わったか。前ページの周期表を利用せよ。

22 放射性物質から α 線，β 線，γ 線のどれかが出ている。電場をかけた場合の図1で，a，b，c は何か。また，磁場をかけた場合の図2で，a′，b′，c′ は何か。

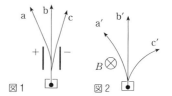

崩壊系列 …… α，β の回数

1 α の回数を決める（質量数が4ずつ減ることを利用）

2 β の回数を決める（原子番号の変化と**1**を利用）

解説

たとえば，トリウム Th は α 崩壊してラジウム Ra になり，Ra は β 崩壊してアクチニウム Ac になり……と崩壊が続くのを崩壊系列という。最後に安定な元素になるまでに α，β 崩壊をそれぞれ何回するかという問題である。

まず，質量数は α でしか変わらないことに注目する。1回につき4ずつ減っていくから，質量数の減少を調べ4で割れば α の回数となる。β の方は原子番号の変化に着目する。1回の α で2減り，1回の β で1増える。α の回数は**1**でわかっているから β の回数はすぐに決められる。（α，β の順序までは分からない。）

EX ウラン $^{238}_{92}$U は崩壊をくり返してやがて鉛 $^{206}_{82}$Pb になる。α，β 崩壊をそれぞれ何回するか。

解 $238-206=32$ $32\div4=\mathbf{8}$ 回 ……α 崩壊

β の回数を x 回とすると，β による原子番号の増加は x だから

$92-2\times8+x=82$ $\therefore$ $x=\mathbf{6}$ 回 ……β 崩壊

23 ネプツニウム $^{237}_{93}$Np は崩壊をくり返してやがて安定なビスマス $^{209}_{83}$Bi になる。この間 α，β 崩壊をそれぞれ何回するか。

24 トリウム $^{232}_{90}$Th が崩壊をくり返していくとやがて安定な鉛 Pb になる。それは次のどれか。また，その間の α, β の回数はそれぞれ何回か。

$$^{206}_{82}\text{Pb} \qquad ^{207}_{82}\text{Pb} \qquad ^{208}_{82}\text{Pb} \qquad ^{209}_{82}\text{Pb} \qquad ^{210}_{82}\text{Pb}$$

◆ 半減期

放射性原子の数は崩壊により減少していく。数が $\dfrac{1}{2}$ になるまでの時間 T は一定で半減期という。半減期の整数倍の時間の経過なら暗算でできるが，そうでないときは次の式を用いる。

はじめの原子の数を N_0 とすると，時間 t の後崩壊しないで残っている原子の数 N は

$$N = N_0 \left(\frac{1}{2}\right)^{\frac{t}{T}}$$

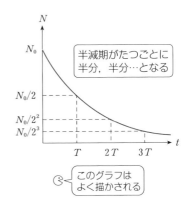

半減期がたつごとに半分，半分…となる

このグラフはよく描かれる

ちょっと一言 原子核が崩壊するのでこの式は原子核の数についての式ともいえる。また，放射性物質の質量についても，放射線の強さについてもこの式で扱える。

T と t の単位はそろえること。T〔日〕なら t〔日〕，T〔s〕なら t〔s〕。

25 リン $^{32}_{15}$P は半減期 14 日で硫黄 $^{32}_{16}$S に変わる。この崩壊は何か。$^{32}_{15}$P の数は 56 日後にははじめの数の何倍になっているか。

26 セシウム $^{137}_{55}$Cs の半減期は 30 年である。$^{137}_{55}$Cs 200 g が 25 g になるまでには何年かかるか。

27 $^{24}_{11}$Na の半減期は 15 h である。30 h 後には $^{24}_{11}$Na の何％が崩壊しているか。

28* ラジウム $^{226}_{88}$Ra の半減期は 1.6×10^3 年である。800 年後には $^{226}_{88}$Ra の放射線強度ははじめの何倍になるか。また，はじめの $\dfrac{1}{100}$ になるまでには何年かかるか。$\log_{10} 2 \fallingdotseq 0.30$ とする。

29 遺跡の古い木片を調べたところ，^{12}C に対する ^{14}C の割合が現在の木材の $1/\sqrt{2}$ 倍であった。この木が切り倒されたのは何年前か。^{12}C は安定で，^{14}C の半減期は 5730 年である。

Q&A

Q　妙なことに気づきました。半減期1日の放射性原子が8個あったとします。翌日には半分になるから4個ですね。2日後にはまたその半分で2個，3日後には1個となります。では，もう1日たったら……まさか1/2個はないでしょう。友達に聞くと，1個になったらそのままだとか，いや0個だとかまとまりません。

A　正解は……「分からない」だね。フッフッフ…不思議そうな顔をしているね。原子核の崩壊は確率現象なんだ。1つの原子核について，半減期の時間がたつと，壊れている確率が1/2，生き残っている確率が1/2だ。大体，はじめ8個あったら翌日は4個とはいえないよ。10円玉をたくさん放り投げて，表が出たらセーフ，裏が出たら取り除いていく場合と同じことなんだ。

Q　1個になったらそのままと言った人たちの中には，崩壊せずに生き残ってきた奴だから生命力が強いと思ってる人もいました。最後に残った10円玉なら誰もそうは思わないですね。でも，いままで半減期毎に1/2としてきたのは……？

A　原子核の数が多いからできたんだ。たとえ1 mgの千分の1でもアボガドロ定数が6×10^{23}とデカいから原子核の数は十分多いというわけだね。

◆　質量欠損と結合エネルギー

　<u>原子核の質量は，原子核を陽子と中性子とにバラしたときの質量より小さい。</u>たとえば${}_{2}^{4}\mathrm{He}$原子核の質量は，陽子2個，中性子2個の質量の和より小さい。その差を質量欠損という。

　質量Mの${}_{Z}^{A}\mathrm{X}$原子核の質量欠損Δmは，陽子Z個，中性子$A-Z$個でできているから，陽子の質量をm_p，中性子の質量をm_nとして，

$$\Delta m = Z m_\mathrm{p} + (A-Z) m_\mathrm{n} - M$$

式でなく図のようなイメージでつかんでおきたい。

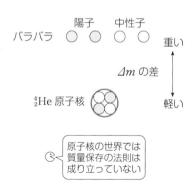

> ## 質量欠損＝（バラバラ状態の質量）−（原子核の質量）

30 $^{12}_{6}$C 原子核の質量欠損はいくらか。$^{12}_{6}$C 原子核は 11.993 u，陽子は 1.007 u，中性子は 1.009 u とする。

質量とエネルギーの等価性　アインシュタインの相対性理論によると，質量はエネルギーの１つの形態であり，質量 m がエネルギーに転化すると mc^2 だけのエネルギー E が発生する。

$$E = mc^2$$

mc^2 は静止エネルギーとよばれる。

> ちょっと一言　質量はいわばエネルギーの貯蔵庫。mc^2 は鉛筆が一本消滅すると，大都市が吹っ飛ぶくらいの大きなエネルギーだが，原子核反応という key がないと貯蔵庫の扉は開かない。なお，単位は m〔kg〕，c〔m/s〕なら E〔J〕だ。単位的には $\frac{1}{2}mv^2$ と同じこと。

結合エネルギー　質量の大きなものほど静止エネルギーが大きいから，バラバラ状態の方が原子核の状態より高いエネルギーにあることになる。そのエネルギー差を結合エネルギー ΔE という。　$\Delta E = \Delta m \cdot c^2$

結合エネルギーは質量欠損 Δm と兄弟関係の量だ。

> ちょっと一言　原子核をバラバラにしようと思うと，核子間に働く引力（核力）に逆らって外から力を加え，引きはがしていくという仕事をしなければならない。この加えた仕事（エネルギー）が質量という貯蔵庫に蓄えられ，バラバラ状態の方が重くなるというわけだ。結合エネルギーは結合を壊しバラバラにするためのエネルギーだ。

High　結合エネルギーを核子数（質量数）で割った値 $\Delta E/A$ を核子１個当たりの結合エネルギーという。これは原子核の安定性の目安になり，値の大きなものほど安定である。原子核から核子１個を抜き出せば残りはもはや別の原子核になるからだ。たとえば酸素 O から陽子１個を取れば窒素 N になってしまう。

　軽い原子核はまとまった方が安定で**核融合**を起こしやすく，重い原子核は分かれた方が安定で**核分裂**を起こしやすい。

31　$^{12}_{6}$C 原子核の結合エネルギーは何 J か。また，何 MeV か。 **30**の結果 $\Delta m=$ 0.103 u を 用 い よ。1 u$=1.7\times10^{-27}$ kg，$c=3.0\times10^{8}$ m/s，$e=1.6\times10^{-19}$ C と する。

32*　太陽定数(地球上で太陽光に垂直な面 1 m^2 が 1 s 間に受けるエネルギー)は 1.4 kW/m^2 である。太陽は 1 s 間に何 J のエネルギーを放射しているか。また，太陽の質量は 1 s 間に何 kg ずつ減少しているか。太陽までの距離 $r=1.5\times10^8$ km，光速 $c=3.0\times10^8$ m/s とする。

◆　**原子核反応**

原子核反応式

反応式の両辺で	質量数の和 原子番号の和	が等しい

たとえば $^{14}_{7}$N$+^{4}_{2}$He $\rightarrow$ $^{17}_{8}$O$+^{1}_{1}$H という反応では $14+4=17+1$，$7+2=8+1$ となっている。原子核反応では陽子，中性子の組み換えが行われるだけだから，陽子の総数と中性子の総数は変わらないというのが背景だ。

ちょっと一言　原子核に限らず，中性子や電子などの素粒子が現れる反応でも成り立つ。はっきりさせたいときは，中性子は $^{1}_{0}$n，電子は $_{-1}^{0}$e と表す。
　　　　　例： $^{9}_{4}$Be$+^{4}_{2}$He $\rightarrow$ $^{12}_{6}$C$+^{1}_{0}$n，　$^{32}_{15}$P $\rightarrow$ $^{32}_{16}$S$+_{-1}^{0}$e (β 崩壊)
　　　　　陽子は proton というので p，中性子は neutron というので n で表す。p は $^{1}_{1}$H と同じこと。$^{4}_{2}$He は α 粒子といい，α と表すこともある。

High　質量数の和が変わらないのは核子数保存則という深い法則に基づく。一方，原子番号の和が変わらないのは陽子数保存ではなく，実は電荷保存則に基づく。上の例なら $7e+2e=8e+e$ が本来の姿だ。陽子数が保存しないのは β 崩壊で明らかだし，電子 e の左下に -1 をつけるのは電荷 $-e$ のためだ。$^{32}_{15}$P の例なら $15e=16e+(-e)$

　　陽電子の電荷は $+e$ だから $^{0}_{1}$e と書く。電子を e$^-$，陽電子を e$^+$ と書くことも多い。

33 次の反応式の □ を埋めよ。

$^{7}_{3}\mathrm{Li} + ^{1}_{1}\mathrm{H} \rightarrow ^{4}_{2}\mathrm{He} + \boxed{1}$ $\qquad$ $^{2}_{1}\mathrm{H} + ^{1}_{1}\mathrm{H} \rightarrow \boxed{2}$

$^{2}_{1}\mathrm{H} + ^{2}_{1}\mathrm{H} \rightarrow ^{1}_{1}\mathrm{H} + \boxed{3}$ $\qquad$ $^{10}_{5}\mathrm{B} + \boxed{4} \rightarrow ^{7}_{3}\mathrm{Li} + \alpha$

$^{14}_{7}\mathrm{N} + \alpha \rightarrow \boxed{5} + \mathrm{p}$ $\qquad$ $^{14}\mathrm{C} \rightarrow \boxed{6} + \mathrm{e}^{-}$

$^{235}_{92}\mathrm{U} + \mathrm{n} \rightarrow ^{93}_{38}\mathrm{Sr} + ^{140}_{54}\mathrm{Xe} + \boxed{7} \times \mathrm{n}$ $\qquad$ $^{30}_{15}\mathrm{P} \rightarrow ^{30}_{14}\mathrm{Si} + \boxed{8}$

エネルギー保存則　原子核や素粒子の反応では運動エネルギーの他に静止エネルギーを考えなければいけない。

$$\text{静止エネルギー } mc^2 + \text{運動エネルギー } \frac{1}{2}mv^2 = \text{一定}$$

反応の前・後でのすべての粒子を含めて考える。

　ちょっと一言　エネルギー保存則は関連するエネルギーをすべて含めなければいけない。反応で光子が出ていればその $h\nu$ も取り入れる。なお，反応の前後とも粒子どうしは十分離れた状態を考えているので，位置エネルギー(核力やクーロン力の)は 0 である。

「反応で発生したエネルギー」とか「反応で放出されるエネルギー」というのは，反応によって減少した質量 Δm を通してエネルギーに転化した分をいう。そこで，$\Delta m = (\text{反応前の質量の和}) - (\text{反応後の質量の和})$ を求め，$\Delta m \cdot c^2$ を計算することになる。その分だけ全体の(系の)運動エネルギーが増えることになる。

　ちょっと一言　これは見方が異なるだけで内容的にははじめの形式と同じなんだ。それを確かめておこう。系の静止エネルギーを E，系の運動エネルギーを K とすると

$E_{前} + K_{前} = E_{後} + K_{後}$ 　より　 $K_{前} + (E_{前} - E_{後}) = K_{後}$

ここで　$E_{前} - E_{後} = \Delta m \cdot c^2$ 　∴　$K_{前} + \Delta m \cdot c^2 = K_{後}$

　なお，この失われた質量 Δm を質量欠損と表記する人がいる。誤用だが，結構まかり通っている。

$$\boxed{\text{原子核反応} \Rightarrow \text{失われた質量に注目}}$$

エネルギーを水にたとえてみると，容器として mc^2 と $\frac{1}{2}mv^2$ の 2 種類があり，そこに水が入っている（反応前）。そして核反応が起こると，質量 $\varDelta m$ を失い，mc^2 の容器から $\frac{1}{2}mv^2$ の容器へと移る分が「発生したエネルギー」に当たる。もちろん，水の全量は一定である。'発生した'という表現には人間の価値観が加わっている。mc^2 のままでは利用できないが，$\frac{1}{2}mv^2$ は利用できるエネルギーであり，目が $\frac{1}{2}mv^2$ の方に向いていることによる。

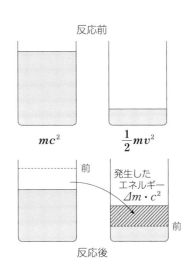

Q&A

Q 慣れていないせいか，どうもチンプンカンプンです。

A いつものようにお金にたとえてみよう。運動エネルギーは現金，静止エネルギーは銀行預金だ。"質量銀行"に預けてあると思ったらいい。「預金＋現金＝一定」といっているだけなんだ。

Q ふーん。……なるほど，2 番目の見方の $\varDelta m \cdot c^2$ は預金額が減った分で，現金化したわけだからその分現金が増えているということですね。

A その通りだね。力学的エネルギー保存則でも型どおり $K + U =$ 一定 としてもいいけれど，エネルギーの変換で考えることが多かったね。「消え去ったエネルギー ＝ 現れたエネルギー」——あれと同じだよ。ところで，なぜ銀行預金にたとえたか分かるかい。

Q 銀行通帳自体はお金として通用しません。質量も同じでエネルギーとして引き出す必要があるということでしょ。

A うん。それと，預金を引き出すにはカードが必要。それに当たるのが原子核反応というわけだね。

Q いつも反応後には全体の質量が減少するんですか。

A たいていはそうだけど，増加する場合もあるよ。そんな反応は自動的には起こらないから，はじめ粒子に運動エネルギーを与えて衝突させる必要がある。預金を増やすにははじめに現金がないとどうしようもないということだね。

34 2個の重陽子(重水素原子核)が $^2_1\text{H} + ^2_1\text{H} \rightarrow \text{X} +$ 中性子 という反応を起こした。原子核 X は何か。このとき失われた質量は何 u か。また，放出されるエネルギーは何 MeV か。^2_1H は 2.0136 u，X は 3.0149 u，中性子は 1.0087 u とし，1 u はエネルギーに換算すると 9.31×10^2 MeV に相当する。

35* 静止しているリチウム原子核 ^7_3Li に運動エネルギー 6.0 MeV の陽子を当てると，粒子 X が 2 個できた。X は何か。また，2 個の X の運動エネルギーの和 K を有効数字 2 桁で求めよ。^7_3Li は 7.0143 u，陽子は 1.0073 u，粒子 X は 4.0015 u とし，1 u はエネルギーに換算すると 9.3×10^2 MeV とする。

High 結合エネルギーを用いたエネルギー保存則

反応する原子核の質量ではなく，結合エネルギーが与えられた場合は

$$-(\text{結合エネルギー}) + \text{運動エネルギー} = \text{一定}$$

あるいは，図を描いて考える。

34 の場合なら ^2_1H と X(^3_2He) の結合エネルギーはそれぞれ，2.7 MeV，8.8 MeV であり，中性子 n はすでにバラバラ状態なので結合エネルギーは 0。結合エネルギーはバラバラ状態と原子核の静止エネルギーの差でもある。反応の前後で系としてのバラバラ状態は変わらないから，共通の基準としてみると，全体の結合エネルギーの減少分こそ質量の減少に伴って発生するエネルギーといえる。

$$8.8 - 2.7 \times 2 = 3.4 \text{ MeV}$$

上で結合エネルギーに － を付けたのは，バラバラの共通状態の静止エネルギーを 0 と見立てたから。原子核の静止エネルギーはそれより低いので負となるわけだ。

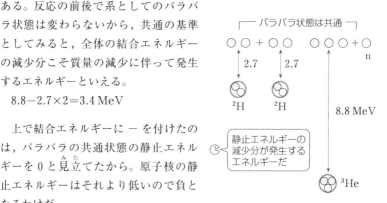

36* 運動エネルギー 2.0 MeV の $^2_1\mathrm{H}$ を 2 個正面衝突させる。反応の結果生じた $^3_2\mathrm{He}$ と中性子 n の運動エネルギーの和はいくらか。結合エネルギーは $^2_1\mathrm{H}$ が 2.7 MeV，$^3_2\mathrm{He}$ が 8.8 MeV である。

運動量保存則 原子核や素粒子の反応は，当然のことながら真空中で起こり，外力の働きようがないから運動量保存則が成り立つ。

とくに，姉妹編（p 60）で扱った **静止からの分裂 $\Rightarrow$ 運動エネルギーの比は質量の逆比** に注意しよう。

> 原子核反応では $\begin{cases} \text{エネルギー保存則} \\ \text{運動量保存則} \end{cases}$

ちょっと一言 力学的な計算では，質量の比は質量数の比で代用してよい。陽子の質量 1.0073 u などと詳しく与えるのは，反応の前後でのわずかな質量差（それによって発生する大きなエネルギー）を求めたいためだ。

37* 静止している Ra 原子核が α 崩壊をして Rn 原子核になった。Ra，α 粒子，Rn の質量を，M_0，m_1，M_1 とする。このとき発生するエネルギー Q を求めよ。また，α 粒子の運動エネルギーを Q を用いて表せ。光速を c とする。

38** $^2_1\mathrm{H} + ^2_1\mathrm{H} \to ^3_2\mathrm{He} + $ 中性子 の反応で発生するエネルギーは 3.4 MeV である。いま，同じ運動エネルギー 2.0 MeV の $^2_1\mathrm{H}$ が正面衝突した場合の $^3_2\mathrm{He}$ と中性子それぞれの運動エネルギーを求めよ。

39* 電子と陽電子の質量はともに m である。両者が出合うと完全に消滅し，2 個の γ 線光子が発生する。この γ 線の振動数 ν を求め，m，c，h で表せ。また，なぜ γ 線光子 1 個にはならないのか。はじめ電子と陽電子は静止していたとする。

40** 静止している原子核が γ 崩壊をし，原子核のエネルギー準位は E_2 から E_1 に変わるとする。
(1) 原子核が固定されている場合に出る γ 線の振動数 ν_0 を求めよ。
(2) 実際には原子核は動き出す。このときの γ 線の振動数 ν を求め，ν_0，h，c と原子核の質量 M（崩壊による変化は無視する）で表せ。

索　引 （太字は入試で書かされることの多い用語）

三角関数の公式

三　角　比	$\sin\theta=\dfrac{\text{対辺}\,a}{\text{斜辺}\,c}$　　　$\cos\theta=\dfrac{\text{底辺}\,b}{\text{斜辺}\,c}$　　　$\tan\theta=\dfrac{\text{対辺}\,a}{\text{底辺}\,b}$
基　本　定　理	$\sin(-\theta)=-\sin\theta$　　　$\cos(-\theta)=\cos\theta$　　　$\tan(-\theta)=-\tan\theta$ $\sin^2\theta+\cos^2\theta=1$
余　弦　定　理	$a^2=b^2+c^2-2bc\cos\theta$
加　法　定　理	$\sin(\alpha+\beta)=\sin\alpha\cos\beta+\cos\alpha\sin\beta$　　$\sin(\alpha-\beta)=\sin\alpha\cos\beta-\cos\alpha\sin\beta$ $\cos(\alpha+\beta)=\cos\alpha\cos\beta-\sin\alpha\sin\beta$　　$\cos(\alpha-\beta)=\cos\alpha\cos\beta+\sin\alpha\sin\beta$ $\tan(\alpha+\beta)=\dfrac{\tan\alpha+\tan\beta}{1-\tan\alpha\tan\beta}$　　　　$\tan(\alpha-\beta)=\dfrac{\tan\alpha-\tan\beta}{1+\tan\alpha\tan\beta}$
2　倍　角 の　公　式	$\sin2\alpha=2\sin\alpha\cos\alpha$ $\cos2\alpha=\cos^2\alpha-\sin^2\alpha=2\cos^2\alpha-1=1-2\sin^2\alpha$
半角の公式	$\sin^2\dfrac{\alpha}{2}=\dfrac{1-\cos\alpha}{2}$　　　　$\cos^2\dfrac{\alpha}{2}=\dfrac{1+\cos\alpha}{2}$
和　積　公　式	$\sin A+\sin B=2\sin\dfrac{A+B}{2}\cos\dfrac{A-B}{2}$ $\sin A-\sin B=2\cos\dfrac{A+B}{2}\sin\dfrac{A-B}{2}$ $\cos A+\cos B=2\cos\dfrac{A+B}{2}\cos\dfrac{A-B}{2}$ $\cos A-\cos B=-2\sin\dfrac{A+B}{2}\sin\dfrac{A-B}{2}$
合　成　公　式	$a\sin\theta+b\cos\theta=\sqrt{a^2+b^2}\sin(\theta+\phi)$

河合塾
SERIES

1 2 & 8 9 10

物理のエッセンス
【五訂版】
熱・電磁気・原子

河合塾講師 浜島清利 [著]

解答・解説 編

単なる答合わせに終わることなく，
解説をじっくり読みこんでほしい。

軽くのり付けしてあります。
別冊にしたい場合は，はずして用いてください。

1 EXで求めた熱容量 1200 J/K を用いると

$$8400 = 1200\Delta T \quad \therefore \quad \Delta T = 7\text{℃}$$

$$\therefore \quad 35 + 7 = \mathbf{42\text{℃}}$$

熱容量を用いない場合は

$$8400 = 200 \times 4.2 \times (t - 35)$$
$$+ 800 \times 0.45 \times (t - 35)$$
$$\therefore \quad t = 42\text{℃}$$

このように求めることになるが，熱容量の意味と便利さをつかんでほしい。

2　水の比熱を c，求める温度を t とすると

$$\underset{\text{低温の水が得た熱量}}{200 \times c \times (t - 30)} = \underset{\text{高温の水が失った熱量}}{100 \times c \times (90 - t)}$$

$$\therefore \quad t = \mathbf{50\text{℃}}$$

3　氷が全部溶けてしまうのか，一部残るのかが問題である。まず，全部溶かすには　$100 \times 336 = 33600$ J　の熱が必要である。一方，水の方が出せる熱量は，0℃まで下がったとしても，

$$200 \times 4.2 \times (20 - 0) = 16800 \text{ J}$$

つまり，氷を全部溶かすことはできない。溶けて水になる分は

$$16800 \div 336 = 50 \text{ g}$$

結局，**0℃の水** $200 + 50 = \mathbf{250\text{ g}}$ と **0℃の氷 50 g** になる。

4　今度は水の出し得る熱量が

$$700 \times 4.2 \times (20 - 0) = 58800 \text{ J}$$

と大きいので，氷は完全に溶け，余った熱量で 0℃ の水 800 g（$= 700$ g $+ 100$ g）が温度を上げていくと考えるとよい。余る分は

$$58800 - 33600 = 25200 \text{ J}$$

$$\therefore \quad 25200 = 800 \times 4.2 \times (t - 0)$$

$$\therefore \quad t = 7.5$$

よって，**7.5℃の水 800 g になる。**

（別解）　「氷が得た熱量＝水が失った熱量」の形で解くと

$$100 \times 336 + 100 \times 4.2 \times (t - 0)$$
$$= 700 \times 4.2 \times (20 - t)$$
$$\therefore \quad t = 7.5$$

5　気体の質量を m とすると，物質量は

$$n = m/M \quad \text{よって} \quad PV = \frac{m}{M}RT$$

$$\therefore \quad P = \frac{m/V}{M}RT$$

ここで $\dfrac{m}{V} = \rho$ だから　$\boldsymbol{P = \dfrac{\rho}{M}RT}$

これは状態方程式の1つの変形タイプ。熱気球など気体が出入りしたり，大気そのものを扱う場合に有用。

6

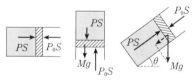

図a　　　　図b　　　　図c

　気体の圧力はピストン（や容器）を垂直に押す力として働き，大きさは押す方向によらない。

図a：$PS = P_0 S$　より　$P = \boldsymbol{P_0}$

このように<u>水平の場合は中はいつも大気圧</u>になっている（もちろん滑らかに自由に動くピストンという条件のもとで）

$$P_0 \cdot Sl = nRT \quad \text{より} \quad T = \frac{P_0 Sl}{nR}$$

図b：$PS + Mg = P_0 S$

$$\therefore \quad P = \boldsymbol{P_0 - \frac{Mg}{S}}$$

$$T = \frac{PSl}{nR} = \frac{(P_0 S - Mg)l}{nR}$$

図c：斜面と同様に重力の成分（点線）は $Mg \sin\theta$ と表せるから

$$PS = P_0 S + Mg \sin\theta$$

$$\therefore \quad P = P_0 + \frac{Mg}{S} \sin\theta$$

$$T = \frac{PSl}{nR} = \frac{(P_0 S + Mg \sin\theta)l}{nR}$$

7 壁が熱をよく通すので，気体は外気温と等しい温度で等温変化をする。図2での圧力を P_A，P_B とすると，$PV = $一定より

A $\cdots P \cdot Sl = P_A \cdot S \cdot \frac{3}{2}l$ $\therefore$ $P_A = \frac{2}{3}P$

B $\cdots P \cdot Sl = P_B \cdot S \cdot \frac{l}{2}$ $\therefore$ $P_B = 2P$

図2でのピストンのつり合いより

$$P_A S + Mg = P_B S$$

$$\frac{2}{3}PS + Mg = 2PS \quad \therefore \quad P = \frac{3Mg}{4S}$$

8 $\frac{1}{2}m\overline{v^2} = \frac{3}{2} \cdot \frac{R}{N_A} \cdot T$ より

$$\sqrt{\overline{v^2}} = \sqrt{\frac{3RT}{mN_A}}$$

ここで $\underline{mN_A \text{ は 1 モルの分子の質量を表}}$すことに注意する。酸素1モルは32 g。そこで

Miss $\sqrt{\dfrac{3 \times 8 \times (273+27)}{32}}$

R が国際単位系 SI で与えられているから，質量は kg にしなければならない。

$$\sqrt{\overline{v^2}} = \sqrt{\frac{3 \times 8 \times (273+27)}{32 \times 10^{-3}}}$$

$$= \frac{3\sqrt{10}}{2} \times 10^2 \fallingdotseq 4.7 \times 10^2 \text{ m/s}$$

平方根の計算法は姉妹編 p 160。

9 $PV = nRT$ において nR のほかに P が一定だから $V \propto T$ （$\propto$は比例記号）

よって温度も a 倍。温度に比例する内部エネルギーも **a 倍**。

$\sqrt{\overline{v^2}} = \sqrt{\dfrac{3RT}{mN_A}}$ より $\sqrt{\overline{v^2}}$ は $\sqrt{T}$ に比例する。よって **$\sqrt{a}$ 倍**

10
$$W' = P\Delta V$$
$$= 2 \times 10^5 \times (5 \times 10^{-3} - 3 \times 10^{-3})$$
$$= 4 \times 10^2 \text{ J}$$

11
$$W' = P\Delta V = nR\Delta T$$
$$= 2 \times 8.3 \times 50 = 8.3 \times 10^2 \text{ J}$$
温度差については℃もKも同じこと。

12 A の圧力 P は筒内の水面の圧力に等しい。深さ l_2 での圧力だから

$$P = P_0 + \rho g l_2$$

（別解） A と筒（質量 M），全体に着目すると，（浮力）＝（重力）より（図1）

$$\rho(Sl_2)g = Mg \qquad \cdots\cdots\text{①}$$

筒だけに着目すると，A と大気から力を受けていることに注意して（図2），

$$PS = P_0 S + Mg \qquad \cdots\cdots\text{②}$$

①，②より Mg を消去し，$P = P_0 + \rho g l_2$

なお，図1の浮力は，A が水から上向きに受ける PS と筒が受ける $P_0 S$ の差で生じている。また，気体 A 自身の重さは無視している。問題文ではふつうは断らない。ただし，熱気球内の空気など膨大な量の気体では重さを考えなければならない。

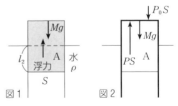

筒の重心は，分かりやすく上面としている

加熱しても②は成りたち，P は一定である。つまり A は定圧変化をし，

$$W' = P\varDelta V = P \cdot Sl_3$$
$$= (P_0 + \rho g l_2)Sl_3$$

浮力は Mg に等しく，一定。つまり l_2 は一定を保つ（①を見てもよい）。よって，図のようになる。

13 (1) 斜線部の台形の面積より

$$\frac{1}{2}(P+4P) \cdot 3V$$
$$= \frac{15}{2}PV$$

(2) 等温線（点線）を思い浮かべればよい。**温度は上昇した後，下降し元の温度に戻る**ことが分かる。

なお，A と B の温度が等しいことは

$$4P \cdot V = P \cdot 4V (=nRT)$$

より読みとれるようにしたい。

(3) 等温変化で AB 間を移したときの仕事は前図の灰色部になるから，斜線部に比べて明らかに**減る**。

14

I でした仕事　　II でされた仕事

膨張の過程を選べばよいから **I**。

II での仕事が最も大きく（V 軸との間の面積が大き

実質された仕事

い），これが圧縮の過程だから，1 サイクルでは実質的に仕事を**された**ことになる。その大きさはサイクルで囲まれた三角形状の部分で表される。

15　PV の積の大小で比べればよい。
　　A … PV　　B … $3P \cdot V$　　C … $3P \cdot 3V$
　　D … $P \cdot 3V$　　E … $2P \cdot 2V$
　　　∴　$T_A < T_B = T_D < T_E < T_C$

また，すべての温度を T_A で表すのも同様で　$T_B = 3T_A$，$T_C = 9T_A$，$T_D = 3T_A$，$T_E = 4T_A$ とすぐに分かる。

16　$\varDelta U = 200 + (-100) = $ **100 J**
　$\varDelta U > 0$ より温度は**上がった**。

17　$200 = Q + 300$　　∴　$Q = -100$
　よって，**100 J** の熱を**放出**した。

18　等温は $\varDelta U = 0$
　　$0 = Q + (-400)$　　∴　$Q = 400$
　よって，**400 J** の熱を**吸収**した。

19　断熱は　$Q = 0$
　　$\varDelta U = 0 + (-200) = -200$
　よって，**200 J 減少**した。
　　$\varDelta U < 0$　より　温度は**下がる**。

20　定積より $W = 0$
　　$\varDelta U = 300 + 0 = $ **300 J**
　　$\varDelta U > 0$　より　温度は**上がる**。

21　$W' = P\varDelta V = nR\varDelta T$
　一方，$Q = nC_P\varDelta T = n \cdot \dfrac{5}{2}R\varDelta T$　…①
　　　∴　$\dfrac{W'}{Q} = \dfrac{2}{5}$ **倍**

残り $\dfrac{3}{5}Q$ は内部エネルギーの増加になっている。念のため確かめてみると

$$\Delta U = \frac{3}{2}nR\Delta T = \frac{3}{5}Q \quad (\text{①より})$$

22 断熱圧縮だから温度は上昇する。
ΔT は<u>正</u>。断熱で $Q=0$ だから
$$\Delta U = 0 + W$$
$$\therefore \quad W = \Delta U = \boldsymbol{\frac{3}{2}nR\Delta T}$$

23 $PV^{\gamma}=$ 一定 を用いる。まず，
$$\gamma = \frac{C_P}{C_V} = \frac{5R/2}{3R/2} = \frac{5}{3}$$

よって単原子では $PV^{\frac{5}{3}}=$ 一定
はじめの圧力を P，温度を T として
$$PV^{\frac{5}{3}} = P'(8V)^{\frac{5}{3}}$$

$8 = 2^3$ より $P' = \dfrac{P}{2^5}$ $\therefore$ $\boldsymbol{\dfrac{1}{32}}$ **倍**

状態方程式より $\dfrac{P}{32}\cdot 8V = nRT'$

はじめは $PV = nRT$

辺々で割ると $\dfrac{1}{4} = \dfrac{T'}{T}$ $\therefore$ $\boldsymbol{\dfrac{1}{4}}$ **倍**

(別解) $TV^{\gamma-1}=$ 一定 を用いてもよい。
$$\gamma - 1 = \frac{2}{3} \text{ より}$$
$$TV^{\frac{2}{3}} = T'(8V)^{\frac{2}{3}} \quad \therefore \quad T' = \frac{T}{2^2}$$

24 反発係数 $e=1$ を用いる。左向きを
正とすると，ピストンの速度は u のまま
変わらないから
$$v' - u = -(-v-u) \quad \therefore \quad \boldsymbol{v' = v + 2u}$$
これは分子運動から見た断熱圧縮。速
さが増すことは温度上昇につながる。

(別解) ピストンと共
に動く観測者から見
てみる。(この人は
<u>等速度で動いている</u>
<u>ので普通通りの力学</u>
<u>が成り立つ。</u>)分子は $v+u$ の速さで飛
んできて，弾性衝突をするから，同じ

速さ $v+u$ で戻っていく。左に u で動
いている人から見て $v+u$ だから，床
に対しては $u+(v+u)=\boldsymbol{v+2u}$ の速
さとなる。

25 微小変化だから，気体がした仕事は
$$\boldsymbol{P\Delta V}$$
$Q=0$ だから，第1法則は $\Delta U = 0 + W$
よって $\dfrac{3}{2}nR\Delta T = -P\Delta V$

$$\therefore \quad \Delta T = -\boldsymbol{\frac{2P}{3nR}\Delta V}$$

断熱膨張($\Delta V > 0$)の場合には，確か
に温度降下($\Delta T < 0$)になっている。
あとの状態の状態方程式は
$$(P+\Delta P)(V+\Delta V) = nR(T+\Delta T)$$
$$PV + P\cdot\Delta V + \Delta P\cdot V + \Delta P\cdot\Delta V$$
$$= nRT + nR\Delta T$$
$\Delta P\cdot\Delta V$ の項を無視し，はじめの状態方
程式 $PV = nRT$ を用いると
$$P\Delta V + V\Delta P = nR\Delta T = -\frac{2}{3}P\Delta V$$

$$\therefore \quad \Delta P = -\boldsymbol{\frac{5P}{3V}\Delta V}$$

このように，
圧力が変わっ
ているのに，
はじめに仕事
を $P\Delta V$ と定
圧の式を用い
たことに違和
感をもつ人も

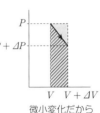

微小変化だから
直線で近似

いるだろう。より正確には図の台形部分
(斜線部)の面積を計算すればよい。

$$W' = \frac{(P+\Delta P)+P}{2}\times\Delta V$$

$$= P\Delta V + \frac{1}{2}\Delta P\cdot\Delta V \fallingdotseq P\Delta V$$

断熱の条件は用いていないから，<u>一般</u>
<u>に微小変化は(近似式としては) $W'=$</u>

$P\varDelta V$ を用いてよいという理由もこれで分かってくれたことだろう。

　もっと直感的にいえば，$P\varDelta V$ は図の灰色部の面積で，それはほとんど斜線部と等しいはずである。$\varDelta V$ は小さいので本当の図は針のように細く，先端の小さな三角形が欠けるかどうかなど問題にならないということだ。

26　(1)　I，IVが等温と断熱の可能性があるが，傾きが急なIVが断熱と決まる。Iが等温。

　断熱の「$PV^\gamma =$ 一定」において，$\gamma = C_P/C_V > 1$ なので，等温の「$PV =$ 一定」と比べ，数字的に断熱の方が P-V グラフの傾きが急と判断することもできる。

(2)　まず，IVは断熱でカット。II（定積）とIII（定圧）では熱の吸収・放出は温度変化に目を向ければよい。P-V グラフの第2の性質から，この場合はいずれも温度降下と読み取れ，熱は放出していることになる。

　残りはI（等温）で，膨張しているから外への仕事，よって $W<0$ 等温の $\varDelta U = 0$ を用いると

$$0 = Q + W \quad \therefore \quad Q = -W > 0$$

確かにIは熱を吸収している。

(3)　温度が上昇した過程をさがせばよい。等温のIはカット。II，IIIは上述のように温度降下。残るIVは断熱圧縮だから温度は上昇。

27　(図a)　Iは定積で，温度上昇，IIの等温は体積が増していることが読み取れる。IIIは定圧で温度降下と分かるが，V-T グラフ上でどんな線を描くのかを状態方程式で考えてみる。$PV = nRT$

で P，nR が一定だから $V \propto T$　これは原点を通る直線となるから，右上のようなグラフが描ける。

(図b)　Iは定圧で温度上昇だから，P-V グラフ上は右へ移る。IIは P と T が比例しているから，$PV = nRT$ より V が一定のとき，つまり定積と分かる。IIIは等温で圧力増加。

　仕事をされたのは圧縮のときで　III

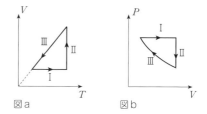

図a　　　　　図b

28　(1)　A，Bの圧力はたえず等しいことに注目する。後の圧力を P として，まずBの気体について，$PV =$ 一定 より

$$P_0 V_0 = P \cdot \frac{V_0}{2} \quad \therefore \quad P = 2P_0$$

Aもこの圧力だから

$$2P_0 \cdot \left(V_0 + \frac{V_0}{2}\right) = nRT_A$$

はじめは　　$P_0 V_0 = nRT_0$

辺々で割ることにより　　$T_A = 3T_0$

$$\therefore \quad \varDelta U_A = nC_V \varDelta T$$
$$= nC_V(T_A - T_0) = \boldsymbol{2nC_V T_0}$$

(2)　A，B内の気体がピストンに及ぼしている力の大きさは等しいから，A内の気体がした仕事 W' はB内の気体がされた仕事に等しい。第1法則より

A $\cdots$ $\varDelta U_A = Q_1 + (-W')$

B $\cdots$ $\varDelta U_B = 0 = -Q_2 + W'$

辺々加えて W' を消去すると

$$\varDelta U_A + 0 = Q_1 - Q_2 \quad \cdots\cdots①$$
$$\therefore \quad Q_2 = \boldsymbol{Q_1 - 2nC_V T_0}$$

W' もこの値に等しい。

A・B 全体についてみると，気体は仕事をしない。全体についての第 1 法則を考えれば，①は直ちに得られる。

29

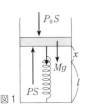
図 1

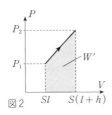
図 2

ピストンが x だけ上昇したときの気体の圧力を P とする。力のつり合いより（図 1）

$$PS = P_0 S + Mg + kx \quad \cdots\cdots ①$$

はじめの圧力 P_1 は $x=0$ とおいて

$$P_1 = P_0 + \frac{Mg}{S}$$

あとの圧力 P_2 は $x=h$ とおいて

$$P_2 = P_0 + \frac{Mg + kh}{S}$$

体積 $V = S(l+x)$ を用いて，①から x を消去し，P と V の関係を求めると

$$P = P_0 + \frac{Mg}{S} + \frac{k}{S}\left(\frac{V}{S} - l\right)$$

P は V の 1 次式となっているから，P-V グラフ上では直線となることが分かる（図 2）。

気体がした仕事は，グラフの面積より

$$W' = \frac{P_1 + P_2}{2} \times Sh$$

$$= \left(P_0 + \frac{Mg}{S} + \frac{kh}{2S}\right) \times Sh$$

$$= \left(P_0 S + Mg + \frac{1}{2}kh\right)h$$

(参考) P-V グラフを用いず，エネルギーの行き先を考えても出せる。ピス

トンの位置エネルギーの増加 Mgh と弾性エネルギー $\frac{1}{2}kh^2$ はすぐ気づくはず。忘れてならないのが大気圧に対する仕事 $P_0 S \times h$　この 3 つの和が気体のした仕事である。

30　$\Delta U = \frac{3}{2}nR\Delta T$

$$= \frac{3}{2} \times 2 \times 8 \times (-50) = -1200$$

第 1 法則は　$-1200 = Q + (-1000)$

$$\therefore \quad Q = -200$$

よって　**200 J** の熱を**奪った**。

High　第 1 法則での熱量 Q は，ある変化での総量(吸収を ＋，放出を － としての総量)である。本問なら，はじめ 100 J を吸収させ，次に 300 J を放出させたということもあり得る。

　同様に，仕事 W も総量である。ただ，問題で問われる場合には，片方だけが起こっているのがふつうである。

31　(図 a)　サイクルで囲まれた長方形の面積が実質の仕事 $W'_{正味}$(以下，単に W' と表記)を表す。

$$W' = (3P - P) \times (4V - V) = 6PV$$

定積，定圧の組み合わせだから，熱を吸収するのは温度が上昇するときで，P-V グラフより Ⅰ，Ⅱ の過程と分かる。

$$Q_{\mathrm{I}} = nC_V \Delta T = n \cdot \frac{3}{2}R(T_{\mathrm{B}} - T_{\mathrm{A}})$$

$$= \frac{3}{2}(3P \cdot V - PV) = 3PV$$

$$Q_{\mathrm{II}} = nC_P \Delta T = n \cdot \frac{5}{2}R(T_{\mathrm{C}} - T_{\mathrm{B}})$$

$$= \frac{5}{2}(3P \cdot 4V - 3P \cdot V) = \frac{45}{2}PV$$

$$\therefore \quad e = \frac{W'}{Q_{\mathrm{I}} + Q_{\mathrm{II}}} = \frac{6PV}{3PV + \frac{45}{2}PV}$$

$$= \frac{4}{17}$$

（図 b）　Ⅱは断熱で $Q_{Ⅱ} = 0$，Ⅲは定圧で温度降下だから熱の放出。熱の吸収はⅠの定積による分だけであり

$$Q_Ⅰ = nC_V\varDelta T = n \cdot \frac{3}{2}R(T_B - T_A)$$

$$= \frac{3}{2}(32P \cdot V - PV) = \frac{93}{2}PV$$

　一方，実質の仕事 W' はグラフの面積が求まらないので，間接法の第1法則で調べる。その準備として

$$Q_Ⅲ = nC_P\varDelta T = n \cdot \frac{5}{2}R(T_A - T_C)$$

$$= \frac{5}{2}(PV - P \cdot 8V) = -\frac{35}{2}PV$$

1サイクルに対して第1法則を用いると，$\varDelta U = 0$ より

$$0 = (Q_Ⅰ + Q_Ⅱ + Q_Ⅲ) + W$$

$$= \frac{93}{2}PV + 0 - \frac{35}{2}PV + W$$

$$\therefore \quad W' = -W = 29PV$$

このように，「された」と「した」の翻訳は符号を変えればすむ。

$$e = \frac{W'}{Q_Ⅰ} = \frac{58}{93}$$

（別解） p 25, 26 で述べたように，

　1サイクルでの仕事 W' は

$W' = Q_{IN} - Q_{OUT}$ と表せるので

$$e = \frac{W'}{Q_{IN}} = \frac{Q_{IN} - Q_{OUT}}{Q_{IN}} = 1 - \frac{Q_{OUT}}{Q_{IN}}$$

　本問ではⅠで熱を吸収し，Ⅲで放出しているので

$$Q_{IN} = Q_Ⅰ = \frac{93}{2}PV$$

$$Q_{OUT} = |Q_Ⅲ| = \frac{35}{2}PV$$

$$\therefore \quad e = 1 - \frac{\dfrac{35}{2}PV}{\dfrac{93}{2}PV} = \frac{58}{93}$$

32　A，B の圧力は常に等しい。はじめ P_0 とすると

A $\cdots$ $P_0 V = nRT_0$ $\quad$ ……①

B $\cdots$ $P_0 \cdot 2V = 3n \cdot RT_B$ ……②

$\dfrac{②}{①}$ より　$2 = \dfrac{3T_B}{T_0}$ $\quad \therefore \quad T_B = \dfrac{2}{3}T_0$

あとの圧力を P，物質量を n_A，n_B とおくと

A $\cdots$ $PV = n_A RT_0$ $\quad$ ……③

B $\cdots$ $P \cdot 2V = n_B R \cdot \dfrac{3}{2}T_0$ ……④

$\quad n_A + n_B = n + 3n$ $\quad$ ……⑤

③，④の n_A，n_B を⑤に代入して

$$\frac{PV}{RT_0} + \frac{4PV}{3RT_0} = 4n$$

$$\therefore \quad P = \frac{12nRT_0}{7V}$$

①を用いて　$P = \dfrac{12P_0 V}{7V} = \dfrac{12}{7}P_0$

33　断熱混合だから，内部エネルギーの和が不変となる。単原子気体なので $U = \dfrac{3}{2}nRT = \dfrac{3}{2}PV$ を用いると早い。

$$\frac{3}{2}PV + \frac{3}{2} \cdot 2P \cdot 3V = \frac{3}{2}P' \cdot 4V$$

$$\therefore \quad P' = \frac{7}{4}P$$

1　A は B から引力を受けているから B の電荷は負。$-q$ とおくと

$$90 = 9 \times 10^9 \times \frac{2 \times 10^{-6} \cdot q}{0.1^2}$$

$$q = 5 \times 10^{-5} \quad \therefore \quad -5 \times 10^{-5}\,\text{C}$$

　なお，問題文では「電荷はいくらか」としたが，「電気量はいくらか」と同じ意味である。「電荷」の方が「電気量」より広い意味で用いられているが，区別は気にかけなくてよい。

2　$F = 9 \times 10^9 \times \dfrac{2 \times 10^{-6} \times 8 \times 10^{-6}}{0.3^2}$

$$= 1.6\,\text{N}，引力$$

　接触させると電荷の一部は中和する。残るのは

$$+2 \times 10^{-6} + (-8 \times 10^{-6}) = -6 \times 10^{-6}$$

　この電荷は A，B に半分（-3×10^{-6}）ずつ分かれ，再び離すと両者は負で斥力となる。

力となる。

$$F' = 9 \times 10^9 \times \frac{3 \times 10^{-6} \times 3 \times 10^{-6}}{0.3^2}$$

$$= 0.9\,\text{N}，斥力（反発力）$$

3　$F_B = k \dfrac{q \cdot q}{a^2}$

$$F_C = k \frac{q \cdot 2q}{(2a)^2} = \frac{kq^2}{2a^2} = \frac{1}{2}F_B$$

$$F = \sqrt{F_B{}^2 + F_C{}^2}$$

$$= \frac{kq^2}{a^2}\sqrt{1 + \frac{1}{2^2}}$$

$$= \frac{\sqrt{5}\,kq^2}{2a^2}$$

4

$$F = |F_A - F_B|$$

$$= \left| \frac{k \cdot 2q \cdot q}{(a+r)^2} - \frac{k \cdot q \cdot q}{r^2} \right|$$

$$= \frac{kq^2|r^2 - 2ar - a^2|}{(a+r)^2 r^2}$$

　右向きとなるためには $F_A - F_B$ が正となればよい。

$$\therefore \quad r^2 - 2ar - a^2 > 0$$

左辺 $= 0$ とおいたときの 2 次方程式の解
$r = a \pm \sqrt{2}\,a$ を用いて

$$r > 0 \text{ より} \qquad r > (1 + \sqrt{2})a$$

　C を自由に置ける場合には，AB 間も含まれる（F_A，F_B ともに右向きの力となるから）。A より左側は F_A が左向きで右向きの F_B より大きく（A の方が電気量が大きいし距離が近いから），あり得ない。次図の太線部が該当することになる。このような定性的な見方も大切である。

5　P は電場と逆向きの力を受けているので，P の電荷は負である。$-q$ とすると，$F_1 = qE_1$ より

$$6 = q \times 3 \times 10^4 \quad \therefore \quad q = 2 \times 10^{-4}$$

　よって，P の電荷は -2×10^{-4} C
このように公式 $F = qE$ は絶対値の関係。

6　電場の合成はベクトルの和で，いまは E_1 と E_2 が逆向きなので

$$E_2 - E_1 = (5-3) \times 10^4$$

P は合成電場の逆向きの力を受ける。

$$F_1 = q(E_2 - E_1) = 2 \times 10^{-4} \times 2 \times 10^4 = 4\,\text{N}$$

向きははじめの電場 E_1 と同じ向き，あ

るいは，はじめの 6 N と反対の向き。

7

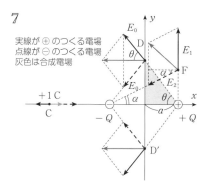

実線が ⊕ のつくる電場
点線が ⊖ のつくる電場
灰色は合成電場

C$\cdots \dfrac{kQ}{(2a)^2}-\dfrac{kQ}{(4a)^2}=\dfrac{3kQ}{16a^2}$，**+x 方向**

D$\cdots$ y 方向はキャンセルして消えてしまう。x 方向は

$E_0\cos\theta\times 2=\dfrac{kQ}{a^2+y^2}\cdot\dfrac{a}{\sqrt{a^2+y^2}}\times 2$

$=\dfrac{2kQa}{(a^2+y^2)^{\frac{3}{2}}}$，　**−x 方向**

$\cos\theta$ は灰色の直角三角形に目を向けるとよい。なお，D′ のような $y<0$ の位置でも同じ結果になる。

F$\cdots$ $-Q$ までの距離は

$$\sqrt{(2a)^2+a^2}=\sqrt{5}\,a$$

$E_x=-E_2\cos\alpha$

$=-\dfrac{kQ}{5a^2}\cdot\dfrac{2a}{\sqrt{5}\,a}=-\dfrac{2kQ}{5\sqrt{5}\,a^2}$

$E_y=E_1-E_2\sin\alpha$

$=\dfrac{kQ}{a^2}-\dfrac{kQ}{5a^2}\cdot\dfrac{a}{\sqrt{5}\,a}$

$=\left(1-\dfrac{1}{5\sqrt{5}}\right)\dfrac{kQ}{a^2}$

有理化はしてもしなくてもよい。

合成電場の向きを p 35 の電気力線の図 1 と見比べてみるとよい。

8

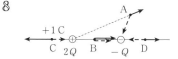

少し試してみれば分かるが，A のように x 軸からはずれた位置では 0 となることはない（点線が $-Q$ による電場）。x 軸上でも B のような位置では右向きどうしで 0 となれない。C はそれぞれの電場の向きは逆向きだが，$+2Q$ による分が，電気量が大きく距離も近いから，$-Q$ による分を上回ってしまう。

結局，可能性として残るのは，D のような位置，$x>a$ しかない。電場の大きさが等しいから

$$\dfrac{k\cdot 2Q}{x^2}=\dfrac{kQ}{(x-a)^2}\qquad\cdots\cdots①$$

$x^2-4ax+2a^2=0$　∴　$x=2a\pm\sqrt{2}\,a$

$x>a$ より　$((2+\sqrt{2})a,\ 0)$

①で，$x>a$ より両辺の平方根をとり，

$$\dfrac{\sqrt{2}}{x}=\dfrac{1}{x-a}$$

∴　$x=\dfrac{\sqrt{2}}{\sqrt{2}-1}a=(2+\sqrt{2})a$

とすると早い（この場合，有理化はしなくてよい）。

9

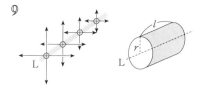

対称性から電気力線は直線 L に垂直になる。L に沿って長さ l〔m〕の部分には σl〔C〕の電気量があり，$N=4\pi k\cdot\sigma l$〔本〕の電気力線が出て，半径 r〔m〕の円柱面（表面積 $S=2\pi r\cdot l$）を貫いている。対称性から面上の電場 E は共通であり

$$E=\dfrac{N}{S}=\dfrac{4\pi k\sigma l}{2\pi rl}=\dfrac{2k\sigma}{r}\ \text{〔N/C〕}$$

10 $x=l$ での電位は El

$x=-\dfrac{l}{2}$ での電位は $-E\cdot\dfrac{l}{2}$

$$0+q\times El=\frac{1}{2}mv^2+q\times\left(-E\cdot\frac{l}{2}\right)$$

$$\therefore\quad v=\sqrt{\frac{3qEl}{m}}$$

(別解) p 127 の方法

電位差 V は $V=E\times\left(l+\dfrac{l}{2}\right)$

加速だから $qV=\dfrac{1}{2}mv^2$

$$\therefore\quad v=\sqrt{\frac{2qV}{m}}=\sqrt{\frac{3qEl}{m}}$$

(参考) 運動方程式で考えると

$ma=qE$ より $a=\dfrac{qE}{m}$

動いた距離は $l+\dfrac{1}{2}l=\dfrac{3}{2}l$

$$v^2-0^2=2a\cdot\frac{3}{2}l$$

$$\therefore\quad v=\sqrt{3al}=\sqrt{\frac{3qEl}{m}}$$

エネルギーの方法の良さは，途中の静電気力が一定でない場合にも使えることである。

11 電場は矢印を描くことから始めるのに対して，電位はすぐに計算に入れる。

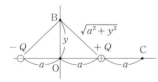

(1) $\dfrac{kQ}{a}+\dfrac{k(-Q)}{a}=\mathbf{0}$

(2) $\dfrac{kQ}{\sqrt{a^2+y^2}}+\dfrac{k(-Q)}{\sqrt{a^2+y^2}}=\mathbf{0}$

(3) $\dfrac{kQ}{a}+\dfrac{k(-Q)}{3a}=\dfrac{\mathbf{2kQ}}{\mathbf{3a}}$

y 軸上の電位はすべて 0 になる。p 35 の図 1（点線）を見ておくとよい。

12

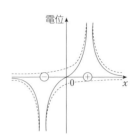

それぞれによる電位を kQ/r の感じで描いておき（点線），代数的に足し合わせれば実線が得られる。kQ/r の r は原点からの距離ではなく，それぞれの点電荷からの距離であることに注意。p 35 の図 1 と見比べておこう。

13

$$\underset{a}{\overset{Q}{\oplus}}\text{---}\underset{a}{\overset{q}{\oplus}}\text{---}\overset{v}{\longrightarrow}$$

力学的エネルギー保存則より

$$0+q\times\frac{kQ}{a}=\frac{1}{2}mv^2+q\times\frac{kQ}{2a}$$

$$\therefore\quad v=\sqrt{\frac{kQq}{ma}}$$

十分遠方にいくと，電位は 0 となるので

$$q\frac{kQ}{a}=\frac{1}{2}mu^2+q\times0$$

$$\therefore\quad u=\sqrt{\frac{2kQq}{ma}}$$

14 $2\times20-2\times(-10)=\mathbf{60\ J}$

15

(1) $-5\times20-(-5)\times(-10)=\mathbf{-150\ J}$

電気力線は $+30\ \mathrm{V}$ から $-10\ \mathrm{V}$ への向きになっている。定性的にも外力の仕事が負になることを確かめてみたい。

(2) $-5\times30-(-5)\times20=\mathbf{-50\ J}$

(3) $-5\times(-10)-(-5)\times(-10)=\mathbf{0\ J}$

一周の場合は元の位置エネルギーに戻

るので経路によらず仕事は 0 となる。

(別解) CA 間の仕事は

$$-5 \times (-10) - (-5) \times 30 = 200 \text{ J}$$

よって、一周では

$$-150 + (-50) + 200 = 0$$

16 外力の仕事は

$$-3 \times (-20) - (-3) \times 10 = 90 \text{ J}$$

よって、静電気力の仕事は **−90 J**

+10 V から −20 V に向けて電気力線が走る。静電気力の仕事が負になることは定性的にも確かめたい。

17 C の電位は **11**(3)の結果より $\dfrac{2kQ}{3a}$

D の電位は同じく(2)より 0

$$W_1 = q \times 0 - q \times \frac{2kQ}{3a} = -\frac{2kQq}{3a}$$

$$W_2 = -W_1 = \frac{2kQq}{3a}$$

q は正・負いずれでもよい。

18 (1) $C = \varepsilon S / d$ より 電気容量 C は極板間隔 d に反比例する。よって間隔を 3 倍にすると容量は 1/3 倍になる。

$$Q' = \frac{C}{3} \cdot V$$

$$|Q' - Q| = \left| \frac{1}{3} CV - CV \right| = \frac{2}{3} CV$$

正電荷の移動として考えると、陽極板から電池を通って陰極板への移動となっている。

(2) $Q (= CV)$ が一定。

$$CV = \frac{C}{3} \cdot V' \quad \therefore \quad V' = 3V$$

(別解) E が一定だから電圧は間隔に比例する。よって 3 V

19 間隔を 1/2 倍にしたときは、容量が $2C$ となり、$Q_1 = 2C \cdot V$

S を切ると、Q_1 が一定。容量は C に戻るから $2C \cdot V = CV_2$ $\therefore$ $V_2 = 2V$

(別解) 電圧 V の状態でスイッチを切り、Q_1 一定(電場 E が一定)のもとで間隔を 2 倍にするから電圧も 2 倍となり $V_2 = 2V$

20 はじめの電気量は

C_1： $Q_1 = 10 \times 20 = 200 \,\mu C$

C_2： $Q_2 = 40 \times 10 = 400 \,\mu C$

図 a ··· $(Q_1 + Q_2) = (C_1 + C_2)V_a$

$$\therefore \quad V_a = \frac{200 + 400}{10 + 40} = 12 \text{ V}$$

図 b ··· この場合は下側の極板の合計電気量が + となり、陽極になる。そこで

$$Q_2 - Q_1 = (C_1 + C_2)V_b$$

$$\therefore \quad V_b = \frac{400 - 200}{10 + 40} = 4 \text{ V}$$

21 並列…… $C = 1 + 4 = 5 \,\mu F$

並列では同じ電圧がかかるので、弱い方で耐電圧が決まる。この場合は C_2 の **100 V**

$$Q = 5 \times 100 = 500 \,\mu C$$

直列… $\dfrac{1}{C} = \dfrac{1}{1} + \dfrac{1}{4} = \dfrac{5}{4}$ $C = 0.8 \,\mu F$

直列では容量の逆比で電圧がかかる。この場合は 4：1。つまり C_1 に最大の 200 V がかかっているとき C_2 は 50 V で大丈夫。逆に C_2 を最大の 100 V とすると、C_1 は 400 V でこわれてしまう。

よって 200 + 50 = 250 V

$$Q = 0.8 \times 250 = 200 \,\mu C$$

22

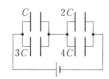

$$\frac{1}{C_T} = \frac{1}{C+3C} + \frac{1}{2C+4C}$$

$$= \frac{1}{4C} + \frac{1}{6C} = \frac{5}{12C}$$

$$\therefore \quad C_T = \frac{12}{5}C$$

$4C$ と $6C$ の直列で，電圧は容量の逆比でかかるから

$$\frac{6C}{4C+6C} \times V = \frac{3}{5}V$$

これは C と $3C$ の並列部分にかかる電圧だが，C にかかる電圧でもある。

23　a 側では　$Q = C_1 V$

b 側にすると並列になり

$$C_1 V = (C_1 + C_2) V'$$

$$\therefore \quad V' = \frac{C_1}{C_1 + C_2}V$$

24　　前問での C_2 の電気量は

$$Q_2' = C_2 V' = \frac{C_1 C_2 V}{C_1 + C_2}$$

a 側に戻すと，C_1 は
再び $C_1 V$
b 側にすると並列に
なる。全電気量 Q'' は

$$Q'' = C_1 V + Q_2' = \frac{C_1 V}{C_1 + C_2}(C_1 + 2C_2)$$

$$Q'' = (C_1 + C_2) V'' \quad \text{より}$$

$$V'' = \frac{C_1(C_1 + 2C_2)}{(C_1 + C_2)^2}V$$

最終状態は定性的に考えればよい。いつも C_1 は電池によって電圧 V にされた後，C_2 に接続されている。C_2 の電圧は V より低いので電荷が右に移動し，C_2 の電圧を上げ，C_1 の電圧は下がって中間的な値に落ち着く。このくり返しにより，C_2 の電圧は増加していくが，限界がある。それは V に違いない。こうなると b 側につないでも電荷の移動はもう起こらない。

25　　$C_1' = \dfrac{\varepsilon S}{d_1}, \quad C_2' = \dfrac{\varepsilon S}{d_2}$

$$\frac{1}{C'} = \frac{1}{C_1'} + \frac{1}{C_2'} = \frac{d_1 + d_2}{\varepsilon S}$$

$$\therefore \quad C' = \frac{\varepsilon S}{d_1 + d_2} = \frac{\varepsilon S}{d - D}$$

26

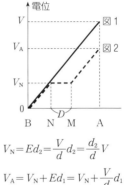

$$V_N = Ed_2 = \frac{V}{d}d_2 = \frac{d_2}{d}V$$

$$V_A = V_N + Ed_1 = V_N + \frac{V}{d}d_1$$

$$= \frac{d_1 + d_2}{d}V = \frac{d - D}{d}V$$

<u>電位グラフの傾きは電場の強さ E に等しく</u>，2 本の線は AM 間で平行になる。
　なお，電場のグラフは次のようになっている。

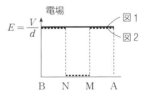

<u>電場グラフは不連続になっても，電位グラフは連続になる</u>ことにも注意するとよい。

27　　極板間隔を 2/3 倍にしたのと同等。
　容量は間隔に反比例し

$$\frac{1}{\frac{2}{3}} = \frac{3}{2} \text{ 倍}$$

28　「K を開く」操作だけなら状況は何も変わらない。一般に，スイッチを閉じると電荷の移動が始まるが，スイッチを開いても何も変わらない。電荷は既に安定な配置となっているからである。よって **EX** の前半の状況からのスタートとなる。

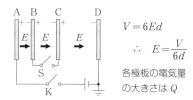

$V = 6Ed$

$\therefore\ E = \dfrac{V}{6d}$

各極板の電気量の大きさは Q

　次に S を閉じると，B と C が等電位となって BC 間がコンデンサーではなくなる（B の右面の $+Q$ と C の左面の $-Q$ が中和する）。一方，K が開かれているので A の $+Q$ が孤立し，それに応じて他の極板の電気量も不変となっている。

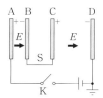

Q が不変だから電場 E も不変である。CD 間について

$$V_{CD} = E \cdot 3d = \dfrac{V}{6d} \cdot 3d = \dfrac{1}{2}V$$

この値は C の電位でもあり，B の電位でもある。AB 間について

$$V_{AB} = Ed = \dfrac{V}{6d} \cdot d = \dfrac{1}{6}V$$

A は B より V_{AB} だけ電位が高いから A の電位は

$$\dfrac{1}{2}V + \dfrac{1}{6}V = \dfrac{2}{3}V$$

　S を閉じる前の A，B の電位は V と $5V/6$ であったが，閉じるとこのように電位の値はガラリと変わる。電位はかつてどんな値であったかに意味はない。孤立部分の電気量の保存だけが前後をつなぐ手掛かりである。

29

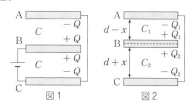

図1　　図2

　はじめは，B が高電位で図1のように正・負が並ぶ。$Q = CV$ より，B 上には

$$Q + Q = +2CV$$

あとは図2の状態になり

$$C_1 = \dfrac{\varepsilon_0 S}{d-x} = \dfrac{d}{d-x} \cdot \dfrac{\varepsilon_0 S}{d} = \dfrac{d}{d-x}C$$

同様に　　　$C_2 = \dfrac{d}{d+x}C$

A，C は等電位（0 V）だから，BA 間と BC 間の電位差 V' は等しい。

BA 間　　$Q_1 = C_1 V'$　　……①

BC 間　　$Q_2 = C_2 V'$　　……②

①＋②　　$Q_1 + Q_2 = (C_1 + C_2)V'$

$$= \dfrac{2d^2}{d^2 - x^2}CV'$$

一方，K が切られ B が孤立しているので

$$Q_1 + Q_2 = 2CV \quad \therefore\ V' = \dfrac{d^2 - x^2}{d^2}V$$

（別解）　図2の C_1，C_2 は並列になっている。点線の所で B をカットし，間を導線でつないで（B 全体は等電位

だから），ゴムひものように動かして
みるとよく分かる。すると，いきなり

$$2CV = (C_1 + C_2)V'$$

とすることができる。

30

$$C = \varepsilon_0 \frac{S}{d}$$

$$C_1 = \varepsilon_0 \frac{S}{d/2} = 2C$$

$$C_2 = 3\varepsilon_0 \frac{S}{d/2} = 6C$$

$$\frac{1}{C'} = \frac{1}{2C} + \frac{1}{6C} = \frac{4}{6C}$$

$$\therefore \quad C' = \frac{3}{2}C$$

31　　$C = \varepsilon_0 \dfrac{S}{d}$

(1)　　　　　　　　(2)

(1)　$C_1 = \varepsilon_0 \dfrac{\frac{l-x}{l}S}{d} = \dfrac{l-x}{l}C$

$$C_2 = \varepsilon_0 \frac{\frac{x}{l}S}{d/3} = \frac{3x}{l}C$$

$$C_1 + C_2 = \frac{l+2x}{l}C$$

$x=0$ や $x=l$ としてチェックして
みるとよい。

(2)　$C_3 = 3\varepsilon_0 \dfrac{\frac{x}{l}S}{2d/3} = \dfrac{9x}{2l}C$

$$\frac{1}{C_{23}} = \frac{1}{C_2} + \frac{1}{C_3} \quad \text{より} \quad C_{23} = \frac{9x}{5l}C$$

$$C_1 + C_{23} = \left(1 + \frac{4x}{5l}\right)C$$

32

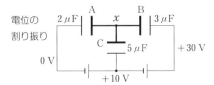

太線部の電気量保存より

$$\begin{array}{ccc} \text{A} & \text{B} & \text{C} \\ 2(x-0) & +3(x-30) & +5(x-10) = 0 \end{array}$$

$$\therefore \quad x = 14$$

$$\therefore \quad 3 \times (30-14) = \textbf{48}\,\boldsymbol{\mu}\textbf{C}$$

33

$$\begin{array}{ccc} \text{A} & \text{B} & \text{C} \\ C_1(x-V) & +C_2(x-V) & +C_3(x-0) = 0 \end{array}$$

$$\therefore \quad x = \frac{C_1 + C_2}{C_1 + C_2 + C_3}V$$

$$C_1 : Q_1 = C_1(V-x) = \frac{C_1 C_3 V}{C_1 + C_2 + C_3}$$

$$C_3 : Q_3 = C_3(x-0) = \frac{C_3(C_1 + C_2)V}{C_1 + C_2 + C_3}$$

　ある極板上の電荷を符号を含めて扱う
ときは(自分－相手)とするが，コンデン
サーに蓄えられた電気量を扱うときは，
大きい方から小さい方を引いて電位差に
しておけばよい。

Ex2, Ex3 (p 57, 58)，**29**も電位の方法
で解き直してみるとよい。電位の方法な
ら並列・直列公式を用いなくても解ける。
　ただ，<u>並列・直列で解けないときに，
電位の方法を用いる</u>という基本方針でよ
い。

34　　はじめ C_1 には　$5 \times 30 = 150\,\mu$C，
　　　極板 A には　$-150\,\mu$C，　B には　0

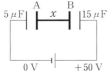

　　A　　　　B
$5(x-0)+15(x-50)=-150+0$
　　$\therefore\ x=30$
C_2：　$15\times(50-30)=\mathbf{300\,\mu C}$

35　はじめの C_1　　$2\times20=40\,\mu C$
　a 側にすると，この C_1 と未充電の C_3 が
　並列となる。電圧を V とおくと
　　$40+0=(2+6)V$　　$\therefore\ V=5$
　C_1 には　　$2\times5=10\,\mu C$
　C_3 には　　$6\times5=30\,\mu C$
　C_2 ははじめのままで　$1\times20=20\,\mu C$

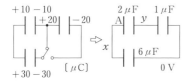

　電位 x の部分について
　　$2(x-y)+6(x-0)=10+30$
　　　$8x-2y=40$　　　……①
　電位 y の部分について
　　$2(y-x)+1(y-0)=-10+20$
　　　$-2x+3y=10$　　　……②
　①，②より　　$x=7$　　$y=8$
　A 上の電荷は　$2\times(7-8)=\mathbf{-2\,\mu C}$

36　a に入れた直後
　は右と同等の回路と
　なり
　　$I_0=\dfrac{V}{R+2R}$
　　　$=\dfrac{\boldsymbol{V}}{\boldsymbol{3R}}$

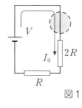
図 1

やがて充電は終わ
り，コンデンサーの
電圧は V になる
（図 3）。b に切り替
えた直後は右図と同
等で，"2 つの電池"
は直列だから

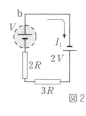
図 2

$$I_1=\frac{V+2V}{2R+3R}=\frac{\boldsymbol{3V}}{\boldsymbol{5R}}$$

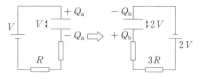

図 3　b に切り替える前　　図 4　最後

　スイッチを a に入れて，十分にたった
ときが左の図で，$Q_a=CV$ が蓄えられて
いる。スイッチを b に切り替えて十分に
たつと，右の図 4 のようにコンデンサー
には右側の電池の電圧 $2V$ がかかり，
$Q_b=C(2V)$ が蓄えられる（かつて Q_a を
蓄えていたことは影響していないことに
注意）。いずれの図も，電流は 0 であり，
抵抗は等電位となっている。
　この間に $3R$ を通った電気量は下側
の極板の電気量の増加を調べればよいか
ら
　　$+Q_b-(-Q_a)=2CV+CV=\mathbf{3CV}$

37　コンデンサーは既に CV の電気量
と $\frac{1}{2}CV^2$ の静電エネルギーをもってい
る。$3V$ の電池で充電すると電気量は
$C\cdot3V$ となるが，この間電池を流れる電
気量は　　$3CV-CV=2CV$

　電池のした仕事 $=\varDelta U+H$　より
　　$2CV\times3V=\dfrac{C(3V)^2}{2}-\dfrac{CV^2}{2}+H$
　　　$\therefore\ H=\mathbf{2CV^2}$

38 並列での電圧を V' とすると

$$C_1 V = (C_1 + C_2) V'$$

$$\therefore \quad V' = \frac{C_1}{C_1 + C_2} V$$

静電エネルギーの減少分が H となる。

$$H = \frac{1}{2} C_1 V^2 - \frac{1}{2} (C_1 + C_2) V'^2$$

$$= \frac{1}{2} C_1 V^2 - \frac{C_1^2 V^2}{2(C_1 + C_2)}$$

$$= \boldsymbol{\frac{C_1 C_2 V^2}{2(C_1 + C_2)}}$$

　並列での静電エネルギーは，Q 一定に注目して　$Q^2/2C = (C_1 V)^2 / 2(C_1 + C_2)$ を用いると早い。

39 スイッチを切ったので電気量 $\frac{4}{3} CV$ は不変となる。

　　$W_2 =$ 静電エネルギーの変化

$$= \frac{\left(\frac{4}{3} CV\right)^2}{2C} - \frac{1}{2} \cdot \frac{4}{3} C \cdot V^2$$

$$= \frac{8}{9} CV^2 - \frac{2}{3} CV^2 = \boldsymbol{\frac{2}{9} CV^2}$$

　金属板は極板から引力を受けているので，引き出すときの外力の仕事は当然正になる。

40 電子の加速度を a とすると，運動方程式は　　$ma = eE$

$$\therefore \quad a = \frac{eE}{m} = \frac{eV}{ml}$$

最大の速さ v_m は　　$v_m = at_0$

$$v = \frac{0 + v_m}{2} = \frac{at_0}{2} = \frac{eVt_0}{2ml}$$

$$I = envS = \frac{e^2 nSVt_0}{2ml}$$

$$\therefore \quad V = \boldsymbol{\frac{2ml}{e^2 nt_0 S} I}$$

これはオームの法則を表している。

$$R = \frac{2m}{e^2 nt_0} \cdot \frac{l}{S} \quad \text{より} \quad \rho = \boldsymbol{\frac{2m}{e^2 nt_0}}$$

41 まず，単位の換算。

$$2 \, \text{mm}^2 = 2 \times (10^{-3} \, \text{m})^2 = 2 \times 10^{-6} \, \text{m}^2$$

$$I = envS \quad \text{より}$$

$$v = \frac{I}{enS}$$

$$= \frac{3}{1.6 \times 10^{-19} \times 9 \times 10^{28} \times 2 \times 10^{-6}}$$

$$\fallingdotseq \boldsymbol{1.0 \times 10^{-4} \, \text{m/s}}$$

0.10 mm/s だから意外なほど遅い。ただし，これは集団としての移動の速さで，1 個 1 個はずっと速く乱雑に飛び回っている。

42 ⑴　20 Ω と 30 Ω は並列

$$\frac{1}{r} = \frac{1}{20} + \frac{1}{30} \quad \text{より} \quad r = 12$$

40 Ω と 12 Ω が直列　$R = 40 + 12 = \boldsymbol{52 \, \Omega}$

全電流 I は　　$I = \frac{26}{52} = 0.5 \, \text{A}$

並列部分では抵抗の逆比となるので

$$0.5 \times \frac{30}{20 + 30} = \boldsymbol{0.3 \, \text{A}}$$

　一般に，<u>直列は抵抗値を増やし，並列は減らす。</u>

⑵

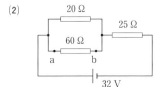

問⑴と同類。並列部分は

$$\frac{1}{r} = \frac{1}{20} + \frac{1}{60} \quad \text{より} \quad r = 15$$

$$\therefore \quad R = 15 + 25 = \boldsymbol{40 \, \Omega}$$

$$I = \frac{32}{40} = 0.8 \, \text{A} \quad 0.8 \times \frac{20}{20 + 60} = \boldsymbol{0.2 \, \text{A}}$$

⑶

中央上の3つは直列で　$10+30+20=$
$60\,\Omega$　これと $30\,\Omega$ が並列

$$\frac{1}{r}=\frac{1}{60}+\frac{1}{30}\quad より\quad r=20$$

$$\therefore\ R=20+20+10=\mathbf{50\,\Omega}$$

$$I=\frac{60}{50}=1.2\,\mathrm{A}\quad 1.2\times\frac{30}{60+30}=\mathbf{0.4\,A}$$

43

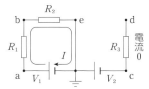

左半分の回路だけに電流 I が流れる。

　　a の電位……V_1

　b の電位は，e の電位が 0 であるため，
be 間での電位降下に等しい。R_1 と R_2
は直列だから，電位降下は抵抗に比例し，

　　b の電位……$\dfrac{\boldsymbol{R_2}}{\boldsymbol{R_1+R_2}}V_1$

(別解)　b の電位は a より R_1 での電位
降下分だけ低いから

$$+V_1-\frac{R_1}{R_1+R_2}V_1=\frac{R_2}{R_1+R_2}V_1$$

　c は接地点（0 V）より V_2 だけ電位が
低いから　c の電位……$-V_2$

　cd 間には電流が流れないから cd 間
は等電位。　d の電位……$-V_2$

44　回路は右の図
　と同じであり（理
　想的な電圧計は電
　流を通さない），
　電圧 V は電池の
　端子電圧を表して
いる。すると，p 79 の「ちょっと一言」
の図と同様で　　$V=E-rI$

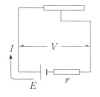

V は I の一次式で表されるから，グラ
フは確かに直線となる。上の式より E
は V 軸切片に等しいことが分かる。与
えられた直線を延長すると

$$E=\mathbf{1.5\,V}$$

　また，上の式から $-r$ は直線の傾きに
等しいことも分かる。

$$-r=-\frac{0.3}{0.15}=-2\quad\therefore\ r=\mathbf{2\,\Omega}$$

　<u>式と比較しながらグラフのもつ意味を
見抜く</u>ことが大切。測定点しか与えられ
ない場合，直線は自分で引く。

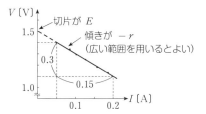

45　次図のように電流 I が流れる。オー
　ムの法則より

$$10+20=(30+R)I$$

b の電位を 0 と
する。a の電位
V_a を 10 V の電
池を通る経路で
追うと

$$V_a=10-30I=10-30\times\frac{30}{30+R}$$

ところで，40 Ω の抵抗には電流が流れず，
a と b は（点線部は）等電位だから

$$V_a=0\qquad\therefore\ R=\mathbf{60\,\Omega}$$

右側の電池を通る経路で V_a を調べても
よい。

$$V_a=-20+RI=-20+\frac{30R}{30+R}$$

$$V_a=0\quad より\quad R=60\,\Omega$$

46 直列・並列で扱えないとき，コンデンサーでは電位の方法があり，直流回路ではキルヒホッフがある。

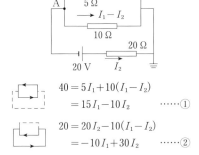

$$40 = 5I_1 + 10(I_1 - I_2)$$
$$= 15I_1 - 10I_2 \quad \cdots\cdots ①$$

$$20 = 20I_2 - 10(I_1 - I_2)$$
$$= -10I_1 + 30I_2 \quad \cdots\cdots ②$$

①，②より $I_1 = 4\,\text{A}$，$I_2 = 2\,\text{A}$

A の電位は 40 V の電池をたどって追うと $40 - 5I_1 = 40 - 5 \times 4 = \mathbf{20\,V}$

そのほか，$10(I_1 - I_2)$ として，あるいは，$20I_2 - 20$ として求めることもできる。

なお，接地（アース）は電位の基準 0 V を決めるためのもので，電流を求める際は無視すればよい。ただし，2 個所が接地されているときには，その間を導線で結んで考える必要が生じる。地面を通って電流が流れるからである。

47 (1)

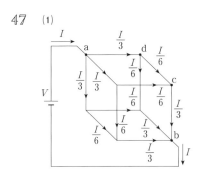

電圧 V の電池をつないで考えてみる。電流 I は a で 3 方向に分かれるが，出口 b に至るまでは同等だから $I/3$ ずつになる。次に d などで 2 分岐になるがいずれも同等，そこで更に半分の $I/6$ ずつになる。たとえば a→d→c→b について

$$V = r \cdot \frac{I}{3} + r \cdot \frac{I}{6} + r \cdot \frac{I}{3} = \frac{5}{6} r \cdot I$$

V は全電圧，I は全電流だから $\dfrac{5}{6}r$ は全抵抗を示している。

(2) defg を通る面が対称面となっているから，これらは等電位であり，dg 間，ef 間の抵抗ははずして考えればよい。

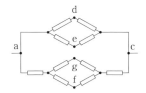

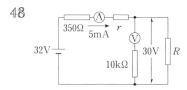

もはや直列と並列の組み合わせになっている。ひし形の部分の抵抗 r_1 は

$$\frac{1}{r_1} = \frac{1}{r+r} + \frac{1}{r+r} \quad \therefore\ r_1 = r$$

$$\frac{1}{R} = \frac{1}{r_1} + \frac{1}{r + r_1 + r} = \frac{1}{r} + \frac{1}{3r}$$

$$\therefore\ R = \frac{3}{4}r$$

48

知っTECトク $V = RI$ は $V\,[\text{V}]$，$R\,[\text{k}\Omega]$，$I\,[\text{mA}]$ のセットで用いることもできる。10^3 を表す $\overset{\text{キロ}}{\text{k}}$ と 10^{-3} を表す $\overset{\text{ミリ}}{\text{m}}$ が打ち消し合うためだ。

$\textcircled{V}$ の表示は R での電位降下を表すだけでなく，自分自身での電位降下でもある点がポイント。$\textcircled{V}$ 自身を流れる電流は

$$30\,\text{V} \div 10\,\text{k}\Omega = 3\,\text{mA}$$

すると，R には $5-3=2\,\text{mA}$ が流れている。R にかかる電圧が $30\,\text{V}$ だから

$$R = 30\,\text{V} \div 2\,\text{mA} = \textbf{15 k}\boldsymbol{\Omega}$$

外周について

$$32 = (0.35 + r) \times 5 + 30$$
$$r = 0.05\,\text{k}\Omega = \textbf{50 }\boldsymbol{\Omega}$$

49

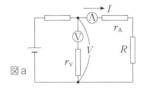

図 a

$$V = (r_A + R)I \quad \therefore \quad R' = \frac{V}{I} = \boldsymbol{R + r_A}$$

$r_A \to 0$ とすると（理想的なものに近づけると），$R' \to R$　　この接続法では電圧計の方はどうでもよいことになる。

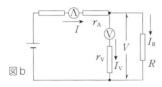

図 b

R について　　　$V = RI_R$

$\textcircled{V}$ について　　　$V = r_V I_V$

また　　$I = I_R + I_V = \dfrac{V}{R} + \dfrac{V}{r_V}$

$$= \frac{R + r_V}{R r_V} V$$

$$\therefore \quad R' = \frac{V}{I} = \frac{\boldsymbol{R r_V}}{\boldsymbol{R + r_V}}$$

分母・分子を r_V で割って

$$R' = \frac{R}{R/r_V + 1}$$

$r_V \to \infty$ とすると（理想的なものに近づけると），$R' \to R$　　この接続法では電流

計はどうでもよいことになる。

50

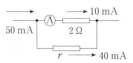

$$2 \times 10 \times 10^{-3} = r \times 40 \times 10^{-3}$$

$$r = \textbf{0.5 }\boldsymbol{\Omega}\quad \text{並列に入れる。}$$

$2 \times 10 = r \times 40$ としてもよい（姉妹編 p 154）。

使用時には，指針がたとえば $5\,\text{mA}$ を指したら，5 倍の $25\,\text{mA}$ と判断する。

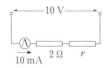

$$(2 + r) \times 10 \times 10^{-3} = 10$$

$$r = \textbf{998 }\boldsymbol{\Omega}\quad \text{直列に入れる。}$$

この場合は mA を V と読み替えて使う。

51

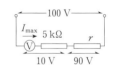

$$I_{\max} = \frac{10\,\text{V}}{5\,\text{k}\Omega} = 2\,\text{mA}$$

$$r \times 2 = 90$$

$$\therefore \quad r = \textbf{45 k}\boldsymbol{\Omega}\quad \text{直列につなぐ。}$$

使用時には表示値の 10 倍と判断する。

52　42 (1)の結果より，$20\,\Omega$ には $0.3\,\text{A}$，$30\,\Omega$ には $0.2\,\text{A}$，$40\,\Omega$ には $0.5\,\text{A}$ が流れているから

$$20 \times 0.3^2 + 30 \times 0.2^2 + 40 \times 0.5^2 = \textbf{13 W}$$

（別解）　全消費電力は電池の供給電力 VI に等しいことを利用する。

$$VI = 26 \times 0.5 = 13\,\text{W}$$

53　$I=\dfrac{E}{R+r}$

$P=RI^2$

$=R\left(\dfrac{E}{R+r}\right)^2$

$=\dfrac{RE^2}{R^2+2Rr+r^2}$

テクニック！
（変数を分母）
に集める

$=\dfrac{E^2}{R+2r+\dfrac{r^2}{R}}$　……①

$=\dfrac{E^2}{\left(\sqrt{R}-\dfrac{r}{\sqrt{R}}\right)^2+4r}$

かっこの中が0になるとき，P は最大。

$\therefore\quad \sqrt{R}=\dfrac{r}{\sqrt{R}}\qquad \therefore\quad R=r$

（別解）　①で相加平均と相乗平均の関係

$$\dfrac{R+\dfrac{r^2}{R}}{2}\geqq\sqrt{R\cdot\dfrac{r^2}{R}}=r$$

を用いてもよいし（等号は $R=r^2/R$　つまり　$R=r$），微分で調べてもよい（①まで変形し，$R+r^2/R$ の最小を調べるとよい）。

知ってて トク
おくと
　内部抵抗に等しい抵抗を用いると，最大電力が得られる。

54　（1）

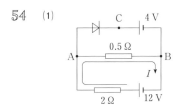

　断線と仮定する。B の電位を 0 V とすると C は 4 V。電流 I は図のように流れ，

$I=\dfrac{12}{2+0.5}=4.8\,\text{A}$

A の電位は　$0.5\times4.8=2.4\,\text{V}$

これは C より低いから OK。　$\therefore$　**4.8A**

（2）　同様に断線と仮定すると，C は 4 V

A の電位は　$2\times\dfrac{12}{2+2}=6\,\text{V}$

A の方が C より高いからダイオードは導線となるはず。

AB には上の電池の 4 V がそのままかかるから（灰色の部分に注目。下半分の回路には無関係）

$\dfrac{4}{2}=2\text{A}$

　なお，12 V の電池からは 4 A が出て，そのうち 2 A は上の電池を右へ流れている。

55　図1：

$I=\dfrac{V}{R_1+R_2+R_3}$

$Q=CV_2$

$=C(R_2I)$

$=\dfrac{R_2}{R_1+R_2+R_3}CV$

図2：

$I=\dfrac{V}{R_1+R_2}$

C_1 の電圧 V_1 は ab 間での電位降下に等しい。

$Q_1=C_1V_1$

$=C_1(R_1I)$

$=\dfrac{R_1}{R_1+R_2}C_1V$

C_2 の電圧 V_2 は bc 間での電位降下に等しい。

$Q_2=C_2V_2=C_2(R_2I)=\dfrac{R_2}{R_1+R_2}C_2V$

56　電流の流れていないスイッチ S_1 を切っても状態は変わらない。しかし，S_2 を切ると電池からの電流 I が流れなくなる。

一方，コンデンサーはしばらくの間電流 i を流すが，やがて $i=0$ となり，A と D の電位が等しくなる。2 つのコンデンサーは並列になる。

Q_1 と Q_2 の大小関係が与えられていないことを考えて

$$|+Q_1-Q_2|=(C_1+C_2)V'$$

前問の Q_1，Q_2 を代入することにより

$$V'=\frac{|R_1C_1-R_2C_2|}{(R_1+R_2)(C_1+C_2)}V$$

$$\therefore\ Q_1'=C_1V'$$

$$=\frac{|R_1C_1-R_2C_2|}{(R_1+R_2)(C_1+C_2)}C_1V$$

57　磁針の N 極は合成磁場の向きを指す。I_0 による磁場を H_0 とすると，次図 a のようになる。

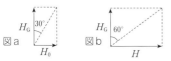

H_0 をつくる電流の向きは　**北→南**

$$H_G=\sqrt{3}\,H_0=\frac{\sqrt{3}\,I_0}{2\pi d}\ \text{〔A/m〕}$$

東に 60° 振れたときの I による磁場を H とすると，図 b のようになる。

$$H=\sqrt{3}\,H_G$$

$$\frac{I}{2\pi d}=\sqrt{3}\cdot\frac{\sqrt{3}\,I_0}{2\pi d}$$

$$\therefore\ I=3I_0\ \text{〔A〕}$$

なお，磁針の N 極が北を指すのは，地球が 1 つの磁石であり，北極が S 極とな

っているからである。しかし，問題文に特に断りがないときは地磁気の存在は無視してよい。

58　A 点：2 つの電流がつくる磁場はいずれも同じ向きで，**$-z$ 方向**

$$\frac{2I}{2\pi\cdot2a}+\frac{3I}{2\pi\cdot2a}=\frac{5I}{4\pi a}$$

B 点：$2I$ は $-z$ 方向の磁場を，$3I$ は $+z$ 方向の磁場をつくる。後者の方が大きいから向きは　**$+z$ 方向**

$$\frac{3I}{2\pi\cdot2a}-\frac{2I}{2\pi\cdot6a}=\frac{7I}{12\pi a}$$

円形電流による磁場を $-z$ 方向につくりたいのだから，電流は**時計回りに流す。**

$$\frac{I'}{2a}=\frac{7I}{12\pi a}\quad\text{より}\qquad I'=\frac{7}{6\pi}I$$

59

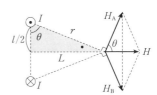

$$H_A=H_B=\frac{I}{2\pi r}$$

H は**図で右向き**となり

$$H=H_A\cos\theta+H_B\cos\theta$$

灰色の直角三角形に目を向けると

$$\cos\theta=\frac{l/2}{r}$$

$$\therefore\ H=\frac{Il}{2\pi r^2}=\frac{Il}{2\pi\left(L^2+\dfrac{l^2}{4}\right)}$$

$$=\frac{2Il}{\pi(4L^2+l^2)}$$

60　磁場の向きは　**a→b**

$$H=nI=\frac{400}{5\times10^{-2}}\times2=1.6\times10^4\ \text{A/m}$$

Miss $n = 400$ ではダメ。n は 1 m 当たりの巻数。長さは問題文の図のように筒状のソレノイドに沿って測った長さ。

ら図のように短冊形に切って考え，1つ1つがキャンセルしているわけである。

61 (1)　(2)

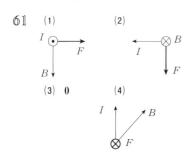

(3) **0**　(4)

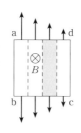

62

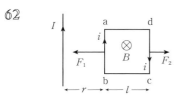

ab は同方向電流で引力 F_1 を受け，cd は逆方向電流で斥力 F_2 を受ける。ab の方が電流 I に近く，磁場が強いから $F_1 > F_2$ となる。

$$F = F_1 - F_2 = iB_1 l - iB_2 l$$

ここで

$$B_1 = \mu \frac{I}{2\pi r}, \quad B_2 = \mu \frac{I}{2\pi(r+l)}$$

$$\therefore \quad F = \frac{\mu I\, il}{2\pi}\left(\frac{1}{r} - \frac{1}{r+l}\right)$$

$$= \frac{\mu I\, il^2}{2\pi r(r+l)} \quad \textbf{左向き}$$

なお，ad は上向きの力を受けるが，bc が下向きの力を受けるため，キャンセルしてしまう。

ただ，詳しくいうと，これらの辺上では場所ごとに磁場が異なるか

63

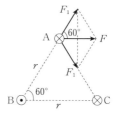

B からは斥力，C からは引力を受ける。その力の大きさ F_1 は等しく

$$F_1 = I \cdot \frac{\mu I}{2\pi r} \cdot 1$$

$$F = F_1 \cos 60° \times 2$$

$$= \frac{\mu I^2}{2\pi r} \quad \textbf{図で右向き}$$

64　磁石のまわりの磁力線を描いてみる。磁力線はN 極から出て S 極へ入る。コイルを微小部分に分割して考えてみる。

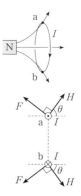

そのうちの 2 点 a，b について見てみると，右図のように力を受け，上下方向はキャンセルするが，左向きの力が残る。コイルの円周上，状況は同じことだから，全体としても**左向きの力**を受ける。

(別解)　コイルを磁石に置き替えて考えると早い。右がN極，左がS極の磁石だから本物の磁石に引かれることはすぐ分かる。

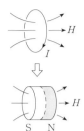

High　コイル上での磁場を H，向きを前ページの図のように θ とする。微小部分の長さを Δl とすると

$$F_{合力}=\sum F \cos\left(\frac{\pi}{2}-\theta\right)$$
$$=\sum I\cdot\mu H\cdot\Delta l \sin\theta$$
$$=\mu I H \sin\theta \sum\Delta l$$

$\sum \Delta l$ はコイルの円周の長さになり，コイルの半径を r とすると　$2\pi r$

$$\therefore\quad F_{合力}=2\pi\mu IHr\sin\theta$$

結果などどうでもよいが，そこに至る考え方は味わってほしい。

65　(1) 　(2) 　(3) **0**　(4)

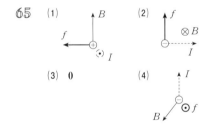

66　$f=evB$

電子の総数 N は

$$N=n(Sl)$$

ローレンツ力の総和は

$$Nf=nSlevB$$

電流 I は

$$I=envS$$

$$\therefore\quad Nf=IBl=F$$

図のように力の向きも合っている。

67　(1) **P→Q**　(2) **Q→P**　(3) **0**

(4)　速度を分解して考える。棒方向の速度成分では磁力線が切れないので誘導起電力を生じない。棒に垂直な速度成分 $v\sin\theta$ が誘導起電力を生み出す。その向きは **Q→P** 大きさ V は

$$V=(v\sin\theta)Bl=vBl\sin\theta$$

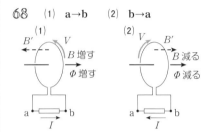

68　(1) **a→b**　(2) **b→a**

(1)　コイルの左面側がN極となり（**64**参照），磁石との間に**反発力(斥力)**が生じる。

(2)　左面側がS極となり，磁石との間に**引力**が生じる。

(1)，(2)とも**動きを妨げる向きの力**となっている。

69　$I=\dfrac{vBl}{R+r}$

PQ間は内部抵抗をもつ電池と同等。"Pに対する"はPの電位を0としたときという意味だから，Qの電位は

$$vBl-rI=\frac{R}{R+r}vBl$$

R の方からたどってもよい。RI として求められる。

70 3つの状況に分けて考える。

(1)

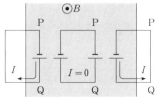

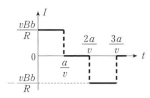

(2)

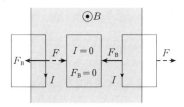

　等速度運動だから力はつり合い，外力 F は電磁力 F_B と大きさが等しく，向きが逆である。

$$F = F_B = IBb = \frac{vB^2b^2}{R}$$

電流が流れていても磁場の外に出ている導線部では電磁力が発生しないことに注意する。

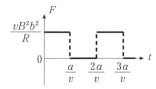

　コイルを磁場に引き込む際の外力の仕事 Fa と，その間のジュール熱 RI^2t が等しいことを確かめたい(エネルギー保存則)。 $t = a/v$

71　電流は $Q{\to}P$

力のつり合いより

$$mg = IBl$$

$$\quad = \frac{v_1Bl}{R}\cdot Bl$$

$$\therefore\quad v_1 = \frac{mgR}{B^2l^2}$$

72

Miss　誘導起電力を v_1Bl としたり，電磁力が斜面に平行になると思うと命取り。

　右は真横から見た図。速度の向きが磁場と直角をなさないから，誘導起電力 V をつくるのは垂直成分で

$$V = (v_1\cos\theta)Bl$$

向きは $Q{\to}P$ の向き(手前向き)。

　電流 I も手前向きに流れ，電磁力は水平左向きとなる(斜面方向上向きとするミス多し！)。斜面方向の力のつり合いより

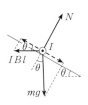

$$mg\sin\theta = IBl\cos\theta$$

$$\quad = \frac{V}{R}Bl\cos\theta$$

$$\quad = \frac{v_1B^2l^2}{R}\cos^2\theta$$

$$\therefore\quad v_1 = \frac{mgR\sin\theta}{(Bl\cos\theta)^2}$$

途中は運動方程式の問題。

$$ma = mg\sin\theta - IBl\cos\theta$$

$$I = \frac{(v\cos\theta)Bl}{R} \quad \text{より}$$

$$a = g\sin\theta - \frac{v(Bl\cos\theta)^2}{mR}$$

$v=v_1$ のときは, 確かに $a=0$ となっている。また, $v=0$ のとき(初め)は電磁力がないから $a=g\sin\theta$ となるはずで, 答えの1つのチェックとしてみるとよい。

73 導体棒PQとRSには図の向きに誘導起電力 V_1, V_2 が生じる。PQ の座標を x とすると, RS の座標は $x-a$

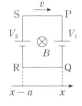

$$V_1=vB(x)b=vKxb$$

$$V_2=vB(x-a)b=vK(x-a)b$$

$V_1>V_2$ よりコイル全体での誘導起電力の向きは **Q→P**

$$V=V_1-V_2=\bm{Kabv}$$

このように V は x によらず一定となっている。コイルの抵抗を R とすると, 流れる電流 i は Q→P の向きで

$$i=\frac{V}{R}=\frac{Kabv}{R}$$

(別解) ファラデーで考えてみる。コイルを貫く磁束そのものを計算しようとすると積分を用いるなど手間がかか

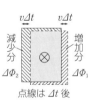

点線は Δt 後

るが, 求めたいものは磁束の変化 $\Delta\Phi$ である。前図のように微小時間 Δt の間にコイルは $v\Delta t$ だけ移動し, 灰色部の磁束は共通だから, 右側の増加分 $\Delta\Phi_1$ と左側の減少分 $\Delta\Phi_2$ の差が $\Delta\Phi$ となる。$v\Delta t$ が微小だから, 斜線部の磁束密度はそれぞれ $B(x)$ と $B(x-a)$ で一様とみなしてよい。

$$\Delta\Phi=\Delta\Phi_1-\Delta\Phi_2$$
$$=B(x)bv\Delta t-B(x-a)bv\Delta t$$
$$=\{Kx-K(x-a)\}\,bv\Delta t$$
$$=Kabv\Delta t$$
$$\therefore\ V=\frac{\Delta\Phi}{\Delta t}=\bm{Kabv}$$

$\otimes$ の向きの磁束が増しているから誘導起電力の向きは **Q→P**

74 誘導起電力の向きは **X**

(1) $\Phi=B\cdot\pi r^2$ より $\Delta\Phi=\pi r^2\Delta B$

$$\therefore\ V=\frac{\Delta\Phi}{\Delta t}=\pi r^2\frac{\Delta B}{\Delta t}$$

ここで $\dfrac{\Delta B}{\Delta t}$ は単位時間あたりの磁束密度の増加であり, b に等しいから

$$V=\bm{\pi r^2 b}$$

(2) $\Phi=B\cdot\pi a^2$ より $\Delta\Phi=\pi a^2\Delta B$

$$\therefore\ V=\frac{\Delta\Phi}{\Delta t}=\pi a^2\frac{\Delta B}{\Delta t}=\bm{\pi a^2 b}$$

High p 102 で磁場中を動く導体棒に誘導起電力が生じる原因はローレンツ力にあることを学んだ。この問題のように磁場が変化する場合の原因は, 図aのような電場が生じるためである。

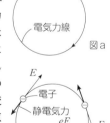

この電場(誘導電場という)はコイルの有無に関わらず, 空間全体に同心円状に生じる。

コイル内の電子は静電気力を受け, この場合は, 反時計回りに回り出す。つまり, 電流が時計回り(誘導起電力 X の向き)に流れることになる。

電場の強さ E を求めてみよう。円周に沿っては一様電場の公式が応用でき，一周での電位差が V となっているので

$$V = E \times 2\pi r$$

$r \leqq a$ では　$E = \dfrac{V}{2\pi r} = \dfrac{br}{2}$

$r > a$ では　$E = \dfrac{V}{2\pi r} = \dfrac{a^2 b}{2r}$

電磁誘導の原因には，ローレンツ力と誘導電場の2つがあり，ファラデーの法則は両者を統一的に表現しているものである。

75

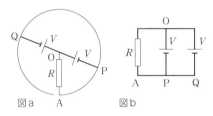

図a　　　　図b

PO と QO がそれぞれ　$V = \dfrac{1}{2}Br^2\omega$ の起電力をもち，電池に置き替えると図aのようになる。

Miss　2個の電池があるからと $I = 2V/R$ としてしまいそう。あるいは図aを見て逆向きの電池だから電流は0とする人も出る。

円周上は等電位だから，回路は図bと同じこと。電池は並列になっていて，OA には V の電圧しかかからない。

よって　　**1倍**

結局，自転車の車輪のようにスポークを何本張ろうと変わらないことになる。さらに，極限として金属円板を回転させても同じことになる。

76

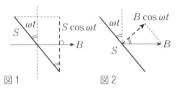

図1　　　　図2

図1のように磁場に垂直な有効面積（断面積）は $S\cos\omega t$ となるので

$$\Phi = BS\cos\omega t$$

図2のように S を生かし，コイル面に垂直な磁束密度の成分 $B\cos\omega t$ を用いてもよい。

ファラデーの法則より

$$V = -N\dfrac{\Delta\Phi}{\Delta t} = -N\dfrac{d\Phi}{dt}$$
$$= NBS\omega\sin\omega t \cdots ①$$

はじめのうちは磁束が減少していくから，a が高電位側となる。上の結果は，b に対する a の電位を表していることになる。

コイルが180°回るまで a が高電位 ($V > 0$)，それ以後は a が低電位 ($V < 0$) となることを図を描いて確かめてみると勉強になる。式とはありがたいもので，①ですべてが表されている。

なお，この問題は交流起電力の発生方法を扱っている。

77

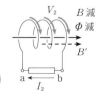

$2 < t < 4$ では，右のように b→a に電流が流れる。

$$V_2 = -4 \times \left(-\dfrac{4}{2}\right)$$
$$= 8\ \text{V}$$

この場合は符号を変える必要がある。

$$I_2 = -\frac{8}{5} = -1.6 \text{ A}$$

他の時間帯も同様で，$t > 6$ では

$$V_2 = -4 \times \frac{3}{2} = -6 \qquad I_2 = \frac{6}{5} = 1.2$$

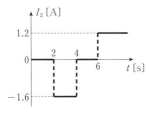

78　I のときの磁場 H は

$$H = nI = \frac{N}{l}I$$

磁束 Φ は　$\Phi = BS = \mu \cdot \dfrac{N}{l}I \cdot S$　…①

Miss　$n = N$ としたり，透磁率 μ の掛け
　　　　忘れが多い。

$I + \Delta I$ のときの磁束は同様にして

$$\Phi + \Delta\Phi = \mu \cdot \frac{N}{l}(I + \Delta I)S \quad \cdots ②$$

②－① より　$\Delta\Phi = \dfrac{\mu NS}{l}\Delta I$　……③

ファラデーの法則より

$$V = -N\frac{\Delta\Phi}{\Delta t} = -\frac{\mu N^2 S}{l} \cdot \frac{\Delta I}{\Delta t}$$

公式　$V = -L\dfrac{\Delta I}{\Delta t}$ と見比べると

$$L = \frac{\boldsymbol{\mu N^2 S}}{\boldsymbol{l}}$$

　　この問題は公式 $V = -L\dfrac{\Delta I}{\Delta t}$ の証明に
もなっている。

　　なお，姉妹編 p 162 の定理（$y = ax$（a は
定数）なら $\Delta y = a\Delta x$）を用いれば，①から
③へすぐ移れる。

79　スイッチを入れた直後はコイルがあ

るため電流が 0 となっている。したがっ
て R での電位降下はないから，コイルの
誘導起電力は電池の 30 V に等しい。

　　$\Delta I / \Delta t$ は　$t = 0$ でのグラフの接線
の傾きより読み取る。

$$30 = L \times \frac{0.6}{4 \times 10^{-2}} \qquad \therefore \quad L = 2 \text{ H}$$

Miss　グラフの $\times 10^{-2}$〔s〕の見落とし
　　　　が多い。

　　十分に時間がたつとコイルは単なる導線。
オームの法則より

$$30 = R \times 0.6 \qquad \therefore \quad R = 50 \ \Omega$$

　　グラフを見たとき，特徴的な 2 カ所，
$t = 0$ と $t = \infty$ に着目するのがポイント。

80

	直　　後	十分に後
(a)	**0**	$\dfrac{V}{R}$
(b)	$\dfrac{V}{R_1 + R_2}$	$\dfrac{V}{R_2}$ ※
(c)	$\dfrac{V}{R_2}$ ※	$\dfrac{V}{R_1 + R_2}$

※　コイルやコンデンサーは導線状態で
　　R_1 の抵抗をバカにしている（ショートし
　　ている p 77）。

81　スイッチを入れて十分にたったとき，
コイルには下向きに電流 $I_0 = V/R_2$ が流
れている。スイッチ
を開いた直後は同じ
電流 I_0 をコイルは
維持する。すると，
I_0 は抵抗 R_1 を上向
きにはい上がること

スイッチ開 直後

になる（R_2 側へはその先のスイッチが開かれているので行けない）。コイルの電圧は R_1 での電位降下に等しいから

$$R_1 I_0 = \frac{R_1}{R_2} V$$

b′, b 側が高電位となっている。この電流は弱まっていき，やがて 0 となる。その間，R_1 で発生するジュール熱は $\frac{1}{2} L I_0{}^2$ に等しい（p 123）。

82　グラフより　$T = 2 \times 10^{-2}\,\mathrm{s}$

$$f = \frac{1}{T} = \frac{1}{2 \times 10^{-2}} = \mathbf{50\ Hz}$$

$$V_e = \frac{120}{\sqrt{2}} = \frac{120\sqrt{2}}{2} \fallingdotseq \mathbf{84.8\ V}$$

電流が電圧より遅れているから　**コイル**

Miss　$t = 0$ を見て i が先に最大と読み取ってはいけない。最大のタイミングは接近した所，$t = 1.5$ と $t = 2$ で後先を比べる。

$$V_0 = \omega L \cdot I_0 = 2\pi f L \cdot I_0$$
$$120 = 2 \times 3.14 \times 50 L \times 3$$
$$\therefore\quad L \fallingdotseq \mathbf{0.13\ H}$$

83　並列だからどの素子にも同じ電圧 v がかかる。各素子での最大値 I_0 と位相を決めていく。

$$R:\quad V_0 = R I_0 \quad より \quad I_0 = \frac{V_0}{R}$$

位相は電圧と同じだから

$$i_R = I_0 \sin \omega t = \frac{V_0}{R} \sin \omega t$$

$$C:\quad V_0 = \frac{1}{\omega C} I_0 \quad より \quad I_0 = \omega C V_0$$

位相は電圧より $\pi/2$ 進むから

$$i_C = \omega C V_0 \sin\left(\omega t + \frac{\pi}{2}\right) = \omega C V_0 \cos \omega t$$

$$L:\quad V_0 = \omega L I_0 \quad より \quad I_0 = \frac{V_0}{\omega L}$$

位相は電圧より $\pi/2$ 遅れるから

$$i_L = \frac{V_0}{\omega L} \sin\left(\omega t - \frac{\pi}{2}\right) = -\frac{V_0}{\omega L} \cos \omega t$$

電力消費は抵抗でのみ起こるから，抵抗での電流の実効値 I_R を用いて，

$$R I_R{}^2 = R \left(\frac{V_0}{\sqrt{2}\,R}\right)^2 = \frac{V_0{}^2}{2R}$$

$$i = i_R + i_C + i_L$$
$$= \frac{V_0}{R} \sin \omega t + \left(\omega C - \frac{1}{\omega L}\right) V_0 \cos \omega t$$

84　$V = ZI$　より　I を最大にするには，Z を最小にすればよい。

$$Z = \sqrt{R^2 + \left(\omega L - \frac{1}{\omega C}\right)^2}\quad より$$

Z が最小になるのはかっこの中が 0 になるときで，そのときの ω を ω_0 とおくと

$$\omega_0 L = \frac{1}{\omega_0 C} \qquad \therefore\quad \omega_0 = \frac{1}{\sqrt{LC}}$$

$$\omega_0 = 2\pi f_0 \quad より \quad f_0 = \frac{1}{2\pi\sqrt{LC}}$$

このような現象を電気共振という。

85　送電線での電力損失を少なくするため。

送電線は抵抗 R をもつ。消費電力（ジュール熱発生）は $R I^2$ だから，電流 I を小さくしたい。送電電力 VI（送り出す 1 s 間のエネルギー）を一定に保ちながら I を小さくするには電圧 V を大きくする（高電圧にする）ことになる。

発電所からは 30 〜 50 万 V で送られる。交流の利点は変圧器（p 118）により簡単に電圧が変えられることで，家庭での 100 V や 200 V まで順次下げている。

86　ファラデーの電磁誘導の法則より，2 つのコイルを貫く磁束の時間変化率が同じで，誘導起電力がコイルの巻数に比例するから。（58 字）

「ファラデーの電磁誘導の法則」が欠かせない。「誘導起電力がコイルの巻数に比例」することや、2つのコイルを貫く磁束 Φ が同じなので「磁束の時間変化が同じ」ことも述べたい。

式で示せば、磁束の時間変化率は $\dfrac{\varDelta\Phi}{\varDelta t}$ であり、$V_1=-N_1\dfrac{\varDelta\Phi}{\varDelta t}$ と $V_2=-N_2\dfrac{\varDelta\Phi}{\varDelta t}$ とから　$\dfrac{V_1}{V_2}=\dfrac{N_1}{N_2}$

変圧器の公式での V_1, V_2 は大きさなので、マイナス符号をはずし、$\left|\dfrac{\varDelta\Phi}{\varDelta t}\right|$ としてもよい。

87 **Miss** 直後は電流が0だから、電圧も0とすると大間違い。di/dt は0でないからだ。

コイルの電位差は、コンデンサーの電位差 V' を調べればよい。

直後は　　$V'=V$

$\dfrac{1}{2}I_0$ のときは、エネルギー保存則より

$$\dfrac{1}{2}CV^2=\dfrac{1}{2}CV'^2+\dfrac{1}{2}L\left(\dfrac{1}{2}I_0\right)^2$$

$I_0=V\sqrt{\dfrac{C}{L}}$ を代入して整理すると

$$CV^2=CV'^2+\dfrac{1}{4}CV^2$$

$$\therefore\quad V'=\dfrac{\sqrt{3}}{2}V$$

88 コイルは導線状態だから（p 115）、コンデンサーの極板 A と B は電位が等しい。電圧が0だから電気量も **0**

コイルには $I_0=E/R$ の電流が下向きに流れている。S を切ると、コイルは電流を維持しようとして I_0 をコンデンサーに流し込む。つまり電気振動が始まる。p 122 の②の図からのスタートとなる。

はじめ静電エネルギーはなく、コイルだけがエネルギー $\dfrac{1}{2}LI_0{}^2$ をもっている。これがすべて静電エネルギーになったときが最大電圧で

$$\dfrac{1}{2}LI_0{}^2=\dfrac{1}{2}CV_{\max}^2$$

$$\therefore\quad V_{\max}=I_0\sqrt{\dfrac{L}{C}}=\dfrac{E}{R}\sqrt{\dfrac{L}{C}}$$

これはコイルの電圧の最大値でもある。

89 はじめ B に電流が流れ込むから $T/4$ 後には B の電位が最大（A は最小）となり、その後電流は逆流して最大電流となるまでに $T/4$ かかり、極板 A に ＋ が目一杯たまるのに更に $T/4$ かかる。

合わせて　$\dfrac{3}{4}T=\dfrac{3}{2}\pi\sqrt{LC}$

p 122 の図では②→③→④→①に対応している。

90 **Miss** $d>y_{\rm A}$ としてしまいそう。

電子が極板間の中央に入射していることに注意。

極板の端での y 座標 $y_{\rm A}$ が $\dfrac{d}{2}$ より小さければよいから

$$\dfrac{d}{2}>y_{\rm A}=\dfrac{1}{2}at^2=\dfrac{1}{2}\cdot\dfrac{eV}{md}\left(\dfrac{l}{v_0}\right)^2$$

$$\therefore\quad v_0>\dfrac{l}{d}\sqrt{\dfrac{eV}{m}}$$

91 **EX** と同様にして　$a=\dfrac{qV}{md}$

x 方向：　$l=(v_0\cos45°)t$　……①

A の y 座標は0だから、y 方向は

$$0=(v_0\sin45°)t-\dfrac{1}{2}at^2$$

$$\therefore\quad 0=v_0\sin45°-\dfrac{1}{2}\cdot\dfrac{qV}{md}t\quad\cdots②$$

①、②より t を消去すると

$$v_0=\sqrt{\dfrac{qVl}{md}}$$

92　これは最も多い状況設定。

$$eV = \frac{1}{2}mv^2 \quad \text{より} \quad v = \sqrt{\frac{2eV}{m}}$$

　なお，電子ボルト〔eV〕について一言つけ加えておこう。電子を 100 V の電圧で加速すれば，100 eV だけ運動エネルギーが増し，1000 V で加速すれば 1000 eV だけ増す……というように，電子に対しては電圧の値そのものが運動エネルギーに対応していく点が電子ボルトを用いる大きなメリットである。

　電荷が $+e$ である陽子に対しても同様だが，その他の荷電粒子に対しては電荷が e の何倍かを考慮する必要がある。たとえば $_2^4\mathrm{He}$ 原子核（電荷 $+2e$）を 100 V で加速すれば，200 eV だけ運動エネルギーが増える。

93　$\dfrac{1}{2}mv_0{}^2 - eV = 0 \quad \therefore \quad V = \dfrac{mv_0{}^2}{2e}$

94　2通り試みてみればよい。条件はローレンツ力が中心を向くことである。

時計回り

$$m\frac{v^2}{r} = evB \quad \text{より} \quad v = \frac{eBr}{m}$$

$$\therefore \quad \frac{1}{2}mv^2 = \frac{(eBr)^2}{2m}$$

High　1つの電子が回っているだけでも，電流 I が流れているとみなすことができる。〔A〕＝〔C/s〕であり，1 s 間に円周上のある断面を通過する電気量を調べればよい。電子の回転周期は $T = 2\pi r/v = 2\pi m/eB$ であり，e〔C〕の電子が1 s 間に $1/T$ 回通る。
よって，$I = e \times (1/T) = e^2 B / 2\pi m$
電流の向きは反時計回りである。

　電流は磁場 H をつくる。円形電流なので，中心では $H = I/2r$ の磁場が手前向き（（⊙向き）にできている。

95　原点 O では
ローレンツ力を左
向きに受けるから
円の中心の x 座標は負となる。円の半径を r とすると，x 軸上に戻ったときの座標は $-2r$

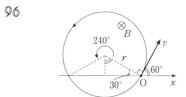

α 粒子の質量は $4m$，電荷は $+2e$ であることに注意して

$$(4m)\frac{v^2}{r} = (2e)vB \quad \therefore \quad r = \frac{2mv}{eB}$$

$$\therefore \quad -2r = -\frac{4mv}{eB}$$

半周だから　$\dfrac{1}{2}T = \dfrac{1}{2} \times \dfrac{2\pi r}{v} = \dfrac{2\pi m}{eB}$

Miss　α 粒子（$_2^4\mathrm{He}$ 原子核）の電荷は陽子（水素 $_1^1\mathrm{H}$ 原子核）の電荷の2倍。それに引きずられて質量も2倍としてしまいがち。

96

求める座標は

$$-r\cos 30° \times 2 = -\frac{2\sqrt{3}\,mv}{eB}$$

240° 回転だから時間は

$$\frac{240°}{360°}T = \frac{2}{3} \times \frac{4\pi m}{eB} = \frac{8\pi m}{3eB}$$

97 静電気力が上向きにかかるから，ローレンツ力が下向きに働くようにしなければいけない。そのためには磁場を紙面に垂直に表から裏への向きにかける。

$E = V/d$ より，力のつり合い式は

$$e \frac{V}{d} = evB \quad \therefore \quad B = \frac{V}{vd}$$

98 (1) 電子の場合

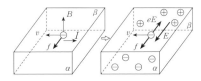

電流 I は右へ流れているから，電子は左へ動いている。ローレンツ力 $f = evB$ は手前向きにかかるので，電子は面 α に集まってくる。すると β 側は電子が不足し ＋ が現れる。よって**β 側が高電位**となる。

(2) ホールの場合

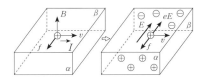

ホールは正電荷だから電流 I の向き通り右へ動いている。するとローレンツ力は手前向きで，ホールは面 α に集まってきて α を ＋ に帯電させる。よって**α 側**が高電位となる。

(1)と(2)いずれにしても，＋ から － に向けて電気力線が走り，電場 E を生じる。

力のつり合いより

$$eE = evB \quad \therefore \quad E = vB$$

$\alpha\beta$ 間の距離は a だから

$$V_{\alpha\beta} = Ea = \mathbf{\mathit{vBa}} \quad \cdots\cdots ①$$

(参考) この現象はホール効果とよばれている。電流の担い手が電子である半導体は n 型半導体，ホールである半導体は p 型半導体とよばれる。このように磁場をかけ，側面の電位の高低を調べれば区別できる。また，担い手の個数密度 n は，$I = enSv = enacv$ と①より

$$n = \frac{I}{eacv} = \frac{BI}{ecV_{\alpha\beta}}$$

I，$V_{\alpha\beta}$ の測定から n を知ることができる。

1 $1\,(\mathrm{eV})=e\,(\mathrm{J})$ より

$\qquad W=2.0\,(\mathrm{eV})=2.0\times1.6\times10^{-19}\,(\mathrm{J})$

$\qquad\qquad\qquad\quad =3.2\times10^{-19}\,(\mathrm{J})$

$\qquad W=h\nu_0=h\dfrac{c}{\lambda_0}$　より

$\qquad \lambda_0=\dfrac{hc}{W}=\dfrac{6.6\times10^{-34}\times3.0\times10^{8}}{3.2\times10^{-19}}$

$\qquad\qquad \fallingdotseq \mathbf{6.2\times10^{-7}\ m}$

$\qquad h\nu=h\dfrac{c}{\lambda}=6.6\times10^{-34}\times\dfrac{3.0\times10^{8}}{3.0\times10^{-7}}$

$\qquad\qquad =6.6\times10^{-19}\ \mathbf{J}$

$\qquad \dfrac{1}{2}mv_{\max}^2=h\nu-W=\mathbf{3.4\times10^{-19}\ J}$

$\qquad eV_0=\dfrac{1}{2}mv_{\max}^2$　より

$\qquad\qquad V_0=\dfrac{3.4\times10^{-19}}{1.6\times10^{-19}}\fallingdotseq \mathbf{2.1\ V}$

2 (1) 光電子の数が2倍になり，電流も2倍になる。一方，ν と W は一定だから $\dfrac{1}{2}mv_{\max}^2$ は変わらない。よって阻止電圧 V_0 は不変。　　　　　∴　②

(2) $eV_0=\dfrac{1}{2}mv_{\max}^2=h\nu-W$

ν を増やすと V_0 が増すから（W は一定）

　　　　　　　　　　　∴　①

3 　　$eV_0=h\nu-W$

$\qquad\quad \therefore\quad V_0=\dfrac{h}{e}\nu-\dfrac{W}{e}$

V_0 軸切片が $-W/e$ を表すから

$\qquad\quad -\dfrac{W}{e}=-2.5$

$\qquad\quad \therefore\quad W=2.5\times1.6\times10^{-19}$

$\qquad\qquad\qquad =\mathbf{4.0\times10^{-19}\ J}$

グラフの傾きが h/e を表す。点線部から傾きを読み取って

$\qquad \dfrac{h}{e}=\dfrac{2.5}{6.0\times10^{14}}$

$\qquad\quad \therefore\quad h=\dfrac{2.5\times1.6\times10^{-19}}{6.0\times10^{14}}$

$\qquad\qquad\qquad \fallingdotseq \mathbf{6.7\times10^{-34}\ J\cdot s}$

プランク定数の単位が書けない人が多い。光子のエネルギー　$E=h\nu$　の式を利用すればよい。$E\,(\mathrm{J})$ と $\nu\,(\mathrm{Hz})$ だが $(\mathrm{Hz})=(1/\mathrm{s})$ なので $h\,(\mathrm{J\cdot s})$ と分かる。$(\mathrm{J/Hz})$ も内容的には同じだが，$(\mathrm{J\cdot s})$ まで直した方がよい。

(別解)　グラフより限界振動数 $\nu_0=6.0\times10^{14}$ Hz と分かる。（$V_0=0$ は電子が何とか外へ出られただけで初速度をもたないため阻止電圧が不要であることを示している。）

$W=h\nu_0$ の関係があるから W か h かどちらかを上のようにして求めればよい。

陰極を $W/2$ のものに換えると，V_0 軸切片が半分になるが，傾き h/e は変わらないから次のようになる。

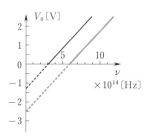

4 　　$eV_1=h\dfrac{c}{\lambda_1}-W$　　……①

$\qquad\quad eV_2=h\dfrac{c}{\lambda_2}-W$　　……②

h，W を未知数とする連立方程式になっている。①－②より

$\qquad e(V_1-V_2)=hc\dfrac{\lambda_2-\lambda_1}{\lambda_1\lambda_2}$

$$\therefore \quad h = \frac{e\lambda_1\lambda_2(V_1 - V_2)}{c(\lambda_2 - \lambda_1)}$$

①より　　$W = h\dfrac{c}{\lambda_1} - eV_1$

$$= \frac{e(\lambda_1 V_1 - \lambda_2 V_2)}{\lambda_2 - \lambda_1}$$

5　$E = h\nu$　　$p = \dfrac{h\nu}{c} = \dfrac{E}{c}$

6　運動量保存則より（右向きを正）

$$\frac{h\nu}{c} = -\frac{h\nu'}{c} + mv \quad \cdots\cdots①$$

エネルギー保存則より

$$h\nu = h\nu' + \frac{1}{2}mv^2 \quad \cdots\cdots②$$

ν' を消去して（①×c＋②）

$$2h\nu = mvc + \frac{1}{2}mv^2$$

$$mv^2 + 2mcv - 4h\nu = 0$$

解の公式より

$$v = \frac{-mc \pm \sqrt{m^2c^2 + 4mh\nu}}{m}$$

$v > 0$ より　　$v = \sqrt{c^2 + \dfrac{4h\nu}{m}} - c$

（参考）　$h\nu \ll mc^2$（静止エネルギー）の
ときは，近似式（姉妹編 p 159）で更に
計算を進める。

$$\sqrt{c^2 + \frac{4h\nu}{m}} = c\left(1 + \frac{4h\nu}{mc^2}\right)^{\frac{1}{2}}$$

$$\fallingdotseq c\left(1 + \frac{1}{2}\cdot\frac{4h\nu}{mc^2}\right)$$

$$\therefore \quad v \fallingdotseq \frac{2h\nu}{mc}$$

7　分子運動論のイメージで対処する。

1 s 間に板に当たる光子の数 N は，1 個
が $h\nu$ のエネルギーをもつから $N = \dfrac{L}{h\nu}$

光子の運動量変化の大きさは，板に与
える力積の大きさに等しい。とくに，
1 s 間に全光子が与える力積は $F \times 1$，つ
まり事実上，力の大きさ F に等しい。

(1)　1 個の光子の運動量変化の大きさ I
は，光子は吸収され（消滅し），運動量が
0 となることから

$$I = \frac{h\nu}{c} - 0 = \frac{h\nu}{c}$$

$$\therefore \quad F = NI = \frac{L}{h\nu}\cdot\frac{h\nu}{c} = \frac{L}{c}$$

(2)　$I = \dfrac{h\nu}{c} - \left(-\dfrac{h\nu}{c}\right) = \dfrac{2h\nu}{c}$

$$\therefore \quad F = NI = \frac{L}{h\nu}\cdot\frac{2h\nu}{c} = \frac{2L}{c}$$

反射したときの方が大きな力となる。

8　$\dfrac{1}{2}mv^2 = \dfrac{(mv)^2}{2m} = eV$　より

$$mv = \sqrt{2meV}$$

$$\therefore \quad \lambda = \frac{h}{mv} = \frac{h}{\sqrt{2meV}}$$

$$2d\sin\theta = 1\cdot\frac{h}{\sqrt{2meV_1}} \quad \cdots\cdots①$$

$$2d\sin\theta = 2\cdot\frac{h}{\sqrt{2meV_2}} \quad \cdots\cdots②$$

$\dfrac{①}{②}$ より　　$1 = \dfrac{1}{2}\sqrt{\dfrac{V_2}{V_1}}$

$$\therefore \quad V_2 = 4V_1 \qquad \textbf{4 倍}$$

電圧 V を 0 から増していくから，λ は
無限大から短くなってくる。左辺の
$2d\sin\theta$ が一定だから "初めて" ブラッ
グ条件を満たすのは $n = 1$ と決まる。以
下，λ が短くなるにつれて n が増してい
く。

9　$2d\sin\alpha = 1\cdot\lambda$

$$\therefore \quad \lambda = 2d\sin\alpha$$

点線の原子面間隔
$d' = d/\sqrt{2}$

$$2\frac{d}{\sqrt{2}}\sin\beta = 1\cdot\lambda$$

$$= 2d\sin\alpha$$

$$\therefore \quad \sin\beta = \sqrt{2}\sin\alpha$$

10

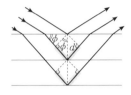

(1) 薄膜による光の干渉と同様に，屈折射線に垂線を下ろし，経路差(灰色の太線部)を浮き立たせる。これより
$$2d \sin\phi = n\lambda'$$

(2) $\dfrac{1}{2}mv^2 = \dfrac{(mv)^2}{2m} = eV$

$$\lambda = \dfrac{h}{mv} = \dfrac{h}{\sqrt{2meV}}$$

結晶に入った電子は出発点から $V+V_0$ の電圧で加速されたことになるから，上式の V を $V+V_0$ で置き換え
$$\lambda' = \dfrac{h}{\sqrt{2me(V+V_0)}}$$

(3) 入射角は $\dfrac{\pi}{2} - \theta$，屈折角は $\dfrac{\pi}{2} - \phi$ であることに注意する。

$$\dfrac{\sin\left(\dfrac{\pi}{2} - \theta\right)}{\sin\left(\dfrac{\pi}{2} - \phi\right)} = \dfrac{\lambda}{\lambda'}$$

$$\therefore \quad \dfrac{\cos\theta}{\cos\phi} = \sqrt{\dfrac{V+V_0}{V}}$$

$$\sin\phi = \sqrt{1 - \cos^2\phi}$$
$$= \sqrt{1 - \dfrac{V}{V+V_0}\cos^2\theta}$$

この $\sin\phi$ と λ' を(1)の式に代入すれば，θ で表した正確なブラッグ条件の式となる。$V_0 = 0$ のときは公式 $2d \sin\theta = n\lambda$ に戻ることを確かめてみるとよい。

<u>厳密な式を打ち立てたときは，それが簡単なモデルで得た式を特別な場合として含んでいるかどうかが1つのチェックとなる。</u>

11 円運動の式は
$$m\dfrac{v_n{}^2}{r_n} = \dfrac{k \cdot Ze \cdot e}{r_n{}^2} \qquad \cdots\cdots①$$

量子条件は $\quad 2\pi r_n = n \cdot \dfrac{h}{mv_n} \qquad \cdots\cdots②$

①，②より v_n を消去して
$$r_n = \dfrac{h^2 n^2}{4\pi^2 kmZe^2}$$

電子の位置エネルギー U は
$$U = (-e)V = (-e)\dfrac{k \cdot Ze}{r_n}$$

$$\therefore \quad E_n = \dfrac{1}{2}mv_n{}^2 + \left(-\dfrac{kZe^2}{r_n}\right)$$

①より $\quad \dfrac{1}{2}mv_n{}^2 = \dfrac{kZe^2}{2r_n}$

$$\therefore \quad E_n = -\dfrac{kZe^2}{2r_n} = -\dfrac{2\pi^2 k^2 mZ^2 e^4}{h^2 n^2}$$

$Z=2$ のヘリウム(1価イオン He$^+$)のケースがよく出題される。

12 最長波長は $n'=3$ から $n=2$ へ移る(遷移という)ときで
$$\dfrac{1}{\lambda_{\max}} = R\left(\dfrac{1}{2^2} - \dfrac{1}{3^2}\right) \quad \therefore \quad \lambda_{\max} = \dfrac{36}{5R}$$

最短波長は $n'=\infty$ から $n=2$ への遷移で
$$\dfrac{1}{\lambda_{\min}} = R\left(\dfrac{1}{2^2} - \dfrac{1}{\infty^2}\right) = \dfrac{R}{4}$$

$$\therefore \quad \lambda_{\min} = \dfrac{4}{R}$$

13 バルマー系列の最短波長 λ_1 は，$n=\infty$ から $n=2$ への遷移
$$h\dfrac{c}{\lambda_1} = E_\infty - E_2 = 0 - \left(-\dfrac{Rhc}{2^2}\right)$$

$$\therefore \quad \lambda_1 = \dfrac{4}{R}$$

ライマン系列の最長波長 λ_2 は $n=2$ から $n=1$ への遷移
$$h\dfrac{c}{\lambda_2} = E_2 - E_1 = -\dfrac{Rhc}{2^2} - \left(-\dfrac{Rhc}{1^2}\right)$$

$$=\frac{3}{4}Rhc$$

$$\therefore \quad \lambda_2=\frac{4}{3R} \qquad \therefore \quad \frac{\lambda_1}{\lambda_2}=\textbf{3 倍}$$

14　イオン化エネルギー I は
$$I=E_\infty-E_1=0-E_1=\frac{Rhc}{1^2}$$

光子のエネルギー　$h\nu=hc/\lambda$

$$h\frac{c}{\lambda}\geqq I \qquad \therefore \quad \pmb{\lambda\leqq\frac{hc}{I}=\frac{1}{R}}$$

$\lambda=\dfrac{1}{R}$ はぎりぎりの電離で，$\lambda<\dfrac{1}{R}$ だと電離された電子は運動エネルギー $(=\dfrac{hc}{\lambda}-I)$ をもてる。

15　$eV=h\dfrac{c}{\lambda_0}$

$$\lambda_0=\frac{hc}{eV}=\frac{6.6\times10^{-34}\times3.0\times10^{8}}{1.6\times10^{-19}\times50\times10^{3}}$$
$$\fallingdotseq 2.5\times10^{-11}\ \mathrm{m}=\textbf{2.5}\times\textbf{10}^{-2}\ \textbf{nm}$$

16　$\lambda_0=hc/eV$　より　V を増すと $\pmb{\lambda_0}$ **は小さくなる**。一方，固有 X 線 λ_1，λ_2 はターゲットの原子で決まるから**不変**。

　なお，p 149 の図 2 は次の 2 つに分けて考えるべきものである。

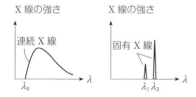

17　エネルギー準位差が小さい方だから $h\nu$ が小さい，つまり λ が大きい方にあたる。　　　$\therefore$　$\pmb{\lambda_2}$

　図 2 を見ると λ_2 の方が λ_1 より X 線強度が強い。つまりより多くの X 線光子が出る。すぐ外側の軌道から移る方が確率が高いことに対応している。

18　^{35}Cl だけなら原子量は 35 になり，^{37}Cl だけなら原子量は 37 になる。それぞれの割合を考えて
$$35\times0.75+37\times0.25=\textbf{35.5}$$
原子量が整数値から大きくずれることがあるのはこのように同位体の存在による。

19　Z が 2 減るから，$90-2=88$
これで Ra と決まる。A が 4 減ることを考えて　　$^{226}_{88}\textbf{Ra}$

20　$^{14}_{6}$C の Z が 1 増すから，原子番号 7 の元素になる。それは窒素 N
A は不変だから　　$^{14}_{7}\textbf{N}$

21

$$A\cdots\cdots 225 \xrightarrow{\ \beta\ } 225 \xrightarrow{\ \alpha\ } 221$$
$$Z\cdots\cdots 88 \longrightarrow 89 \longrightarrow 87 \quad \therefore \quad ^{221}_{87}\textbf{Fr}$$

22　γ 線は電磁波であり，電場や磁場によって曲げられない。α 線は ＋，β 線は － の電荷をもつので，電場中では静電気力，磁場中ではローレンツ力の働き方を考え区別する。

　　a：$\pmb{\beta}$ 線　　　b：$\pmb{\gamma}$ 線　　　c：$\pmb{\alpha}$ 線
　　a′：$\pmb{\alpha}$ 線　　b′：$\pmb{\gamma}$ 線　　c′：$\pmb{\beta}$ 線

23　$\dfrac{237-209}{4}=\textbf{7 回}$　$\cdots\alpha$

$$93-2\times7+x=83 \quad \therefore \quad x=\textbf{4 回}\quad \cdots\beta$$

24　質量数は α 崩壊によって 4 ずつしか減らないことに注意する。質量数の差が 4 で割り切れるものをさがす。
それは $^{208}_{82}\textbf{Pb}$ に限られる。
$$\dfrac{232-208}{4}=\textbf{6 回}\quad \cdots\alpha$$
$$90-2\times6+x=82 \quad \therefore \quad x=\textbf{4 回}\quad \cdots\beta$$

25 原子番号が 1 増し，質量数が不変だから **β崩壊**

$56 \div 14 = 4$　半減期が 4 回経過するから

$$\left(\frac{1}{2}\right)^4 = \frac{1}{16} \text{ 倍}$$

26 $\dfrac{25}{200} = \dfrac{1}{8} = \left(\dfrac{1}{2}\right)^3$

半減期が 3 回経過すればよいから

$$30 \times 3 = 90 \text{ 年}$$

27 $30 \div 15 = 2$

30h 後には $\left(\dfrac{1}{2}\right)^2 = \dfrac{1}{4}$ が残っている。

（ミス多し！）。

崩壊したのは $\dfrac{3}{4}$ つまり **75 %**

28 $N = N_0\left(\dfrac{1}{2}\right)^{\frac{t}{T}} = N_0\left(\dfrac{1}{2}\right)^{\frac{800}{1600}}$

$\qquad = N_0\left(\dfrac{1}{2}\right)^{\frac{1}{2}} = \dfrac{N_0}{\sqrt{2}}$

$\therefore \dfrac{1}{\sqrt{2}} = \dfrac{\sqrt{2}}{2} \doteqdot \mathbf{0.71}$ 倍

$\dfrac{1}{100}N_0 = N_0\left(\dfrac{1}{2}\right)^{\frac{t}{T}}$

N_0 をはずし，両辺の常用対数をとると

$$-2 = -\frac{t}{T}\log_{10}2$$

$\therefore t = \dfrac{2T}{\log_{10}2} = \dfrac{2 \times 1.6 \times 10^3}{0.30}$

$\qquad\qquad \doteqdot \mathbf{1.1 \times 10^4}$ 年

29 $\dfrac{1}{\sqrt{2}}N_0 = N_0\left(\dfrac{1}{2}\right)^{\frac{t}{T}}$

$\dfrac{1}{\sqrt{2}} = \left(\dfrac{1}{2}\right)^{\frac{1}{2}}$ に注意すると，$\dfrac{t}{T} = \dfrac{1}{2}$

半減期の 1/2 の時間経過にあたる。

$$5730 \times \frac{1}{2} = \mathbf{2865} \text{ 年前}$$

30 ^{12}C は陽子 6 個，中性子 6 個からできているから，Δm は

$$6 \times 1.007 + 6 \times 1.009 - 11.993 = \mathbf{0.103 \ u}$$

31

$\Delta mc^2 = 0.103 \times 1.7 \times 10^{-27}$

$\qquad\qquad\qquad \times (3.0 \times 10^8)^2$

$\qquad = 1.57\cdots \times 10^{-11}$

$\qquad \doteqdot \mathbf{1.6 \times 10^{-11} \ J}$

$1\,[\text{MeV}] = 10^6[\text{eV}] = 10^6 e\,[\text{J}]$

$\therefore \dfrac{1.57 \times 10^{-11}}{10^6 \times 1.6 \times 10^{-19}} \doteqdot \mathbf{98 \ MeV}$

32 太陽を中心とする半径 r の球面（表面積 $4\pi r^2$）を考え，1 s 間に届くエネルギーを調べればよい。$1\text{kW} = 10^3 \ \text{J/s}$ より

$1.4 \times 10^3 \times 4 \times 3.14 \times (1.5 \times 10^{11})^2$

$\qquad = 3.95\cdots \times 10^{26} \doteqdot \mathbf{4.0 \times 10^{26} \ J}$

太陽は 4 個の水素を 1 個のヘリウムに変えるという核融合により放射エネルギーをつくり出している。1 s 間の質量減少を ΔM とすると，上で求めた値（L とする）が ΔMc^2 にあたるから

$$\Delta M = \frac{L}{c^2} = \frac{3.95 \times 10^{26}}{(3.0 \times 10^8)^2} \doteqdot \mathbf{4.4 \times 10^9 \ kg}$$

440 万トンという大変な量だが，太陽の質量は $2 \times 10^{30} \ \text{kg}$ もあるから 100 億年近く輝ける。

点源から出されたエネルギーは四方八方に広がり，距離 r 離れた所では $4\pi r^2$ の球面上に分散されるから強度 I（単位面積で 1 s 間に受けるエネルギー：$[\text{J/m}^2 \cdot \text{s}]$ または $[\text{W/m}^2]$）は

$$I = \frac{L}{4\pi r^2}$$

知ってトク おくと 点源からの強度は r^2 に反比例する。

この性質は覚えておきたい。光に限らず，点音源からの音の強さ，点状の放射線源からの放射線強度など応用範囲はきわめて広い。

33 (1) $7+1=4+A$ より $A=4$
$3+1=2+Z$ より $Z=2$ ∴ $_2^4\text{He}$
この反応式は $_3^7\text{Li}+_1^1\text{H}\rightarrow 2\,_2^4\text{He}$ と書くこともある。

(2) $A=3,\ Z=2$ より $_2^3\text{He}$
これは核融合の1種で，水素からヘリウムがつくられている。

(3) $A=3,\ Z=1$ より $_1^3\text{H}$

(4) α を $_2^4\text{He}$ としてから解く。
$A=1,\ Z=0$ より $_0^1\text{n}$ または n または **中性子**

(5) α を $_2^4\text{He}$ と，p を $_1^1\text{H}$ としてから考える。$A=17$ そして $Z=8$ から酸素 O と分かる。 $_8^{17}\text{O}$

(6) e^- を $_{-1}^0e$ として考える。 $Z=7$ より窒素 N と分かり $_7^{14}\text{N}$
これは β 崩壊である。

(7) n を $_0^1\text{n}$ としてみると $3\times\text{n}$
このようにウラン ^{235}U は中性子を吸収して，核分裂を起こす。充分な量の ^{235}U があると，反応によって生じた複数の中性子(この例では3個)が次の核分裂を引き起こしていくので，反応はネズミ算的に増え，連鎖反応となる。

(8) $A=0,\ Z=1$ 該当するのは**陽電子**または $_1^0e$ または e^+
これは β^+ 崩壊である。

34
$_1^2\text{H}+_1^2\text{H}\rightarrow _Z^A\text{X}+_0^1\text{n}$
$2+2=A+1$ より $A=3$
$1+1=Z+0$ より $Z=2$
∴ $_2^3\text{He}$

$2.0136\times 2-(3.0149+1.0087)=\mathbf{0.0036\ u}$
$0.0036\times 9.31\times 10^2\fallingdotseq 3.35\fallingdotseq \mathbf{3.4\ MeV}$
0.0036 が有効数字2桁なので2桁で。

これは核融合反応の1つ。もし，2つの $_1^2\text{H}$ が初め静止していたとすると，$_2^3\text{He}$ と中性子 n の運動エネルギーの和が 3.4 MeV となっている。

35 $_3^7\text{Li}+_1^1\text{H}\rightarrow 2\,_2^4\text{X}$
$7+1=2A$ より $A=4$
$3+1=2Z$ より $Z=2$
∴ $_2^4\text{He}$ または α 粒子
失われた質量 Δm は
$\Delta m=m_{\text{Li}}+m_{\text{H}}-2m_{\text{He}}$
$\quad=7.0143+1.0073-2\times 4.0015$
$\quad=0.0186\ \text{u}$
∴ $K=0.0186\times 9.3\times 10^2+6.0$
$\quad\fallingdotseq 17.3+6.0=\mathbf{23\ MeV}$

17.3 MeV が反応で発生したエネルギーであり，これに陽子の 6.0 MeV を加えたものが反応後の全運動エネルギー K となる。

力学で扱う弾性衝突の場合でさえ，6.0 MeV は反応後の粒子の運動エネルギーとして使える。その上に質量を減らしたことにより発生した 17.3 MeV が余分に使えることになる。

36
$-2.7-2.7+2.0+2.0=-8.8+K_1+K_2$
∴ $K_1+K_2=\mathbf{7.4\ MeV}$

(別解) p 162 の説明のように図を描いて 3.4 MeV まで出せば
$3.4+2.0+2.0=7.4\ \text{MeV}$

37 $Q=|M_0-(M_1+m_1)|\,c^2$
$\quad=(M_0-M_1-m_1)\,c^2$

静止から分裂をすると運動エネルギーは
質量の逆比で配分されるから，α の分は

$$\frac{M_1}{M_1+m_1}Q$$

運動量保存則より Rn と α は180°反対
方向に飛び出すことになる。

38　同じ粒子 $^2_1$H が同じ運動エネルギー，
つまり同じ速さで衝突するから全運動量
は 0。すると，この場合も静止からの分
裂と同様，反応後の2つの粒子の運動エ
ネルギーは質量の逆比（質量数の逆比）で
計算できる。

反応後の全運動エネルギーは

$$3.4+2.0\times2=7.4\text{ MeV}$$

$^3_2$He $\cdots$ $7.4\times\dfrac{1}{3+1}=1.85\fallingdotseq$ **1.9 MeV**

$^1_0$n $\cdots$ $7.4\times\dfrac{3}{3+1}=5.55\fallingdotseq$ **5.6 MeV**

39　エネルギー保
存則より

$$mc^2\times2=2h\nu$$

$$\therefore \quad \nu=\frac{mc^2}{h}$$

γ 線光子1個になるとすると，はじめ
の運動量が 0 なのに運動量 $h\nu/c$ が発生
してしまい，**運動量保存則に反するから。**

2個の光子は正反対の方向に出ること
も意識してほしい。

40　(1)　$h\nu_0=E_2-E_1$

$$\therefore \quad \nu_0=\frac{E_2-E_1}{h}$$

(2)　原子核の速さ
を V とする。
運動量保存則より

$$MV=\frac{h\nu}{c} \quad \cdots①$$

エネルギー保存則より，E_2-E_1 のエネ
ルギーは光子 $h\nu$ を生み出すほかに，原
子核の運動エネルギーにも使われるから

$$h\nu+\frac{1}{2}MV^2=E_2-E_1$$

$$=h\nu_0 \quad \cdots\cdots②$$

①，②より V を消去して，整理すると

$$h\nu^2+2Mc^2\nu-2Mc^2\nu_0=0$$

解の公式を用い，$\nu>0$ を考えて

$$\nu=\frac{-Mc^2+\sqrt{M^2c^4+2Mc^2h\nu_0}}{h}$$

$$=\frac{Mc^2}{h}\left(\sqrt{1+\frac{2h\nu_0}{Mc^2}}-1\right)$$